에너지테라피의 기적

내 몸 거꾸로 10년 되돌리기

에너지테라피의 기적

내 몸
거꾸로 10년
되돌리기

백윤남 지음

프로방스

에너지테라피를 아십니까?

빛은 곧 에너지다. 모든 생명체는 빛이 없으면 살아갈 수가 없다. 태양 빛은 사람의 몸을 따뜻하게 감싸고, 사람과 사람 사이에도 보이지 않는 기가 흐르고 있다. 우리는 매일 매 순간 눈에 보이지 않는 수많은 에너지를 주고받으며 살아간다.

나는 중학교 시절 크게 아파서 학교에 갈 수 없었다. 그때 할아버지께서 아파 우는 손녀딸의 배를 쓰다듬어 주시면 아픈 곳이 나은 것 같아 울다 잠든 기억이 있다. 어린 시절 배가 아파서 병원에 가면 의사 선생님이 어디가 아프냐며 배를 이곳저곳 만지면 신기하게도 아픈 곳이 사라진 경험을 하기도 했다. 이는 사람 사이에 기운이 흐르고 있음을 알게 해준다.

기운 즉, 에너지는 우리에게 절대적으로 필요한 삶의 요인이다. 몸이 지치고 마음이 무너질 때 에너지를 충전하면 삶의 균형을 되찾고 건강을 되돌리는데 강력한 도구가 된다. 이처럼 인류는 고대부터 현대에 이르기까지 수천 년 동안 다양한 방식으로 에너지를 활용해 오고 있다. 에너지는 눈에 보이지 않지만, 우리 삶을 결정 짖는 놀라운 힘을 가지고 있다.

현대에 이르러서 미세전류는 여러 분야에서 관심을 받으며 조명되고 있다. 우리 몸은 생체전류가 약해지면 몸도 마음도 약해지고 점점 무너지게 된다. 대체로 어려운 상황에 처하거나 힘든 일을 겪을 때 몸과 마음이 급격히 다운되어 힘을 잃고 생체 리듬이 깨진다. 이때 생체전류도 약해지기 마련이다. 생체전류가 모두 소진되어 제로 상태가 되면 생명을 다하게 된다. 에너지테라피는 생체전류와 가장 유사한 파형으로, 우리 몸에 충전해 주면 생명력이 활성화하고 체형을 바르게 잡아주며 거꾸로 나이를 되돌려줄 수 있다.

2018년 나는 '에너지테라피'를 만났다. 이 일을 선택하는 순간 나의 꿈이 되어 줄 것이라는 확신이 들었다. 안정적인 직장 생활을 뒤로하고 미친 듯이 초몰입하면서 배우고 즐겼다. 그리고 최소한의 소자본으로 '빽s테라피'를 창업했다. 몇 개월 후, 이렇게 사람의 몸을 이롭게 해주고 나이를 거꾸로 되돌려주는 에너지테라피를 좀 더 많은 사람이 알고 활용하면 좋겠다는 생각이 들었다. 바로 동종업종과 유사한 업종에 도입해서 교육하고 확장하는 일이다. 내가 나아갈 길(Out Come)에 대한 목표가 명확해졌고, 바로 행동(Action)으로 이어졌다. 하루 15시간 이상 에너지테라피 공부에 몰두했다. 에너지테라피는 '꿈의 놀이터'

가 되었다.

　빽s테라피의 대표가 된 나는 '내 안의 숨어있는 보석'을 캐내기 시작했다. 자나 깨나 '에너지테라피' 만이 온통 내 안에 자리 잡고 있었다. 남들보다 좀 더 유연성을 가지고 다르게 생각하go 다르게 바라보go 다르게 행동하go 펼쳐 나갈 통찰력과 미래를 준비하는 능력을 길렀다. 사람의 몸과 마음을 10년 되돌려줄 수 있는 오직 딱 한 가지(One Thing)는 에너지테라피라는 생각으로 '빽s테라피'를 운영하고 있다. 고객의 불편한 점과 고민을 늘 염두에 두고 에너지테라피 관리를 통한 고객과의 소통, 신뢰, 사랑을 바탕으로 에너지를 충전해 주고 있다. 이 일이 곧 고객을 행복하게 해주는 가치 있는 일이기에 에너지테라피스트로서 보람과 기쁨을 느낀다.

내게는 사랑하는 두 아들이 있다. 남자테라피스트이자 뛰어난 에너지테라피 교육 강사다. 나와 두 아들은 에너지테라피 프로 마스터 교육을 훌륭한 한의원 B 원장님으로부터 하나도 빠짐없이 기술을 전수받아 익혔다. 또 에너지테라피 관리 숍을 운영하고자 하는 사람들에게 소자본으로 창업에서 교육까지 돕는 조력자가 바로 큰아들과 작은아들이다. 두 아들은 사업 파트너이자 나의 오른팔 왼팔이 되어주고 있다.

에너지테라피스트로 빽s테라피를 운영하면서 한 사람 한 사람 귀인과 은인을 만났다. 데일카네기 최고경영자 과정과 코치를 하면서 걱정스트레스를 해소하고, 인간관계와 자신감을 회복하고, 성과를 내는 리더로 성장해 나가고 있다. 어떻게 하느냐보다 누구를 만나느냐가 성공의 문을 여는 열쇠라고 생각한다. 데일카네기 전북지사 유길문 지사장님으로부터 책을 통한 경영 코칭과 NLP멘탈 마인드 강의를 통해 에너지테라피와 융합할 새로운 것도 찾았다. 바로 '2025 고주파 1000'이다. 이는 몸의 체온을 1도 올려줌으로써 면역력을 강화하는데, 미세 전류 사인파형이 장착된 bback's 브랜드로 출시된다.

AI와 블록체인 혁명의 중심에는 에너지가 자리 잡고 있다. 에너지가 없으면 아무것도 할 수 없다. 우리의 몸과 마음까지도 에너지가 없으면 힘을 잃어 가게 된다. 에너지플러스연구소 빽s테라피는 중간 매개체 역할을 하는 자리에 있다고 해도 과언이 아니다. 빽s가 출범한 초창기부터 많은 동종업계와 유사한 업종에 에너지테라피의 중요성과 비전을 제시하며 전국을 누볐다. 몇 년간 밤잠 줄여가며 알리고 또 알리는데 게을리하지 않았다. 무료 스터디와 교육을 통해 끊임없이 일했다. 처음 에너지테라피를 시작했을 때 생소했던 기억을 더듬으며 사람들은 빽s테라피를 에너지테라피 선구자라고 불러준다.

따라서 이 책은 에너지테라피를 알고 배우고 연습하고 사업하는 과정을 담았다. 많은 고객들의 에너지테라피 관리 전후 몸의 비교를 사례로 들었다. 아직 에너지테라피가 생소한 독자들은 이 책을 통해 에너지와 우리 몸의 상관관계를 배우고, 미세전류가 우리 몸에 어떤 역할을 하는지 알게 될 것이다. 또 에너지테라피 관리숍을 창업하고자 한다면 어떤 마음가짐으로 사업에 임해야 하는지 빽s테라피의 경영철학을 밝혔다. 더불어 사업을 성공으로 이끌기 위해 부단히 달려 온 저자의 실천과 노력을 실었다. 미미하게나마 독자에게 도움이 된다면 이 책을 쓴 보람이 될 것이다.

나는 어제도 오늘도 끊임없이 '고객의 행복'을 생각한다. 에너지플러스연구소 빽s테라피 대표로서 고객의 건강을 10년 되돌려주기 위해 고객과 함께 기나긴 여정을 함께 할 것이다.

2025년 3월
백윤남

차 례

제5장 상상하go 끌어당기go 누리go

제1장

I AM 에너지테라피스트

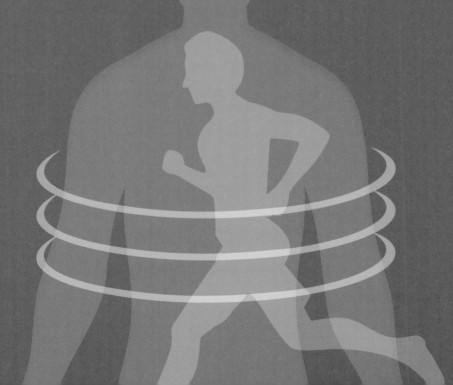

부자를 꿈꾸던 단발머리 여중생

굽이굽이 울퉁불퉁 비포장도로를 한참 가야만 나오는 산골 마을의 소녀였던 나, 백윤남은 지금 에너지테라피스트로 '빽s테라피' CEO다. 오늘날의 내가 있기까지는 지독히도 가난했던 어린 시절이 있었기에 가능했다. 지금 아이들에게 들려주면 호랑이 담배 피우던 옛날이야기로 치부할 만한 그 시절의 경험들이 나의 정체성을 만들었고 사업가로서의 기질을 형성했다.

나는 초등학교 때 상고머리, 중학교 때는 단발머리 소녀였다. 피부는 시골 아이답지 않게 뽀얀 편이었다. 머리가 길면 엄마는 나를 아궁이 앞에 앉혀놓고 보자기를 목에 두른 후 재봉

가위로 쓱싹쓱싹 잘라 주었다. 미용실에 가는 것은 꿈도 꾸지 못할 형편이었다. 어쩌다 운이 좋으면 아버지의 자전거 짐칸에 타고 이발소에 가서 머리를 자르고 왔다. 그런 날은 반듯한 머리끝이 신기하여 거울을 보고 또 보았다.

"백가야, 딸이 그렇게 많아서 참…."
한 번은 동네 사람 한 분이 아버지에게 혀를 찼다고 한다. 딸이 다섯에 아들 하나, 육 남매의 가난한 아버지 형편을 걱정해서 한 말이었을 것이다.
'어디 두고 봐라! 우리 딸들은 남부럽지 않게 잘 살 것이다.'
말수가 적던 아버지는 속으로만 마음을 드러내며 딸들에 대한 사랑을 굳게 다졌다고 했다.

아버지는 열 명이나 되는 대가족을 부양하느라 허리 펼 새 없이 열심히 일하셨다. 우리도 부모님을 돕기 위해 할 수 있는 일을 했다. 나는 아침마다 할머니와 할아버지의 흰 고무신을 닦아놓았다. 볏짚에서 지푸라기 몇 개를 빼내 작은 손으로 돌돌 말아 신발에 묻은 흙을 닦아내고 물에 깨끗이 헹궈 마루에 잘 엎어 놓았다. 할머니, 할아버지께서 기분 좋아하시며 고무신을 신는 모습을 보면 내가 한 일이 뿌듯했다.

엄마를 도와 빨래터에 가서 빨래도 했다. 빨래는 마당에 바지랑대로 걸친 빨랫줄에 가지런히 널어놓았다. 또 물동이에 물을 길어 머리에 이고 집까지 날라놓은 후 학교에 가곤 했다. 부모님을 돕는 일이라면 무엇이든 불평하거나 도망가지 않고 도우려고 했다.

한 번은 책보에 책을 돌돌 말아 허리에 매고 집에 오다가 비를 만났다. 비를 맞으며 정신없이 뛰다가 그만 책보가 풀어져 책이 쏟아지고 말았다. 흠뻑 젖은 책들을 가슴에 움켜쥐고 집을 향해 뛰던 내 눈에서는 닭똥 같은 눈물이 하염없이 흘러내렸다.

장남으로서 부모님을 부양하고 맏형으로서 동생들을 위해 당신의 삶을 희생해야 했던 아버지는 60세를 조금 넘기고 세상을 떠나셨다. 하나 있는 아들 대학 보낸다고 전주로 나와 갖은 고생을 하시다 몹쓸 암에 걸렸다. 무거운 등짐을 너무 져 굽어버린 등으로 암 투병을 하시다가 그 아들 장가가는 것도 못 보고 일찍 하늘나라에 가셨다. 지금도 아버지만 생각하면 눈물이 난다. 너무도 가난한 집의 장남에게 시집왔다는 어머니는 자식들이 밥상에 삥 둘러앉아 꽁보리밥을 다 먹어버리면 물로 끼니를 채우고는 밭으로 가서 고추 심고 콩을 심었다.

시골의 농사일은 해도 해도 끝이 없었다. 아버지와 어머니는 해가 질 때까지 일하고 집으로 돌아오시곤 했다. 딸들은 그런 부모님을 조금이라도 돕기 위해 저녁을 지어놓았다. 보리쌀을 학독(돌로 만든 조그만 절구)에 갈아 삶아낸 후, 쌀 한 주먹 넣고 지은 밥을 10명의 가족이 먹었다. 때로는 라면 하나에 국수와 김치를 넣고 삶았다. 양을 늘리기 위한 요리법이었으니 정작 먹고 싶은 라면은 푸짐한 솥단지에서 어디로 숨었는지 젓가락을 아무리 휘저어도 찾기 힘들었다.

중학교 3학년이 막 되었을 때 나는 늑막염을 앓았다. 형편상 도시의 병원에 다닐 수 없었다. 아버지는 나를 소, 돼지 등 가축 주사를 놓는 동네 아저씨에게 데려가 항생제 주사를 맞혔다. 이틀에 한 번씩 주사를 맞는 날은 내게 지옥 같았다. 매번 주사 맞는 부위가 달랐고 주삿바늘을 보면 공포로 쓰러질 만큼 두렵고 무서웠다.

아버지는 다 죽어가는 딸을 마당에 멍석을 깔고 뉘어 놓았다. 그리고 어머니와 밭에 나갔다. 언니와 동생들은 학교에 가고 나는 멍석에서 하늘을 보며 병과 싸웠다. 지금 생각하니 햇빛은 에너지라서 내가 병에서 일어나도록 힘을 충전해 주고 염증 살균도 했을 것이다. 밤이 되면 무서운 꿈에 시달렸다. 몇

달 후 병이 나아 학교에 갔지만, 학업을 따라가기에 체력도 학
습 능력도 뒤처질 수밖에 없었다. 수놓기와 그림 그리기 등은
재미가 있어서 상을 타기도 했다. 그러나 물감과 스케치북을
필요한 만큼 살 수 있는 형편이 아니라서 그나마도 맘껏 즐기지
못했다.

〈중학교 2학년의 백윤남〉

　어느 날 담임선생님이 반 아이들에게 장래의 꿈을 적어 내
라고 말씀하셨다. 단발머리 여중생이던 나는 '부자'가 꿈이라
고 적었다. 우리 반에서 꿈이 부자라고 말했던 아이는 나뿐이
었다. 내가 꿈꿨던 부자는 그냥 돈이 많은 부자가 아니었다. 돈
이 엄청 많아 저택에서 일하는 사람을 부리는 그런 부자였다.

그렇다고 돈으로만 즐기는 부자가 아니라 어렵고 가난한 사람을 진정으로 돕고 사랑을 실천하는 마음씨 좋은 부자였다.

비록 가난했지만, 우리 가족은 부모님을 존경하고 서로 아끼고 사랑하며 꿋꿋하게 잘 살았다. 가난은 우리가 사는 데 전혀 걸림돌이 되지 않았다. 아버지의 바람대로 딸 다섯에 아들 하나인 우리 6남매는 모두 잘 자랐다. 큰 부자는 되지 못했지만 서로 배려하고 사랑하는 마음은 그때나 지금이나 변함이 없다. 아버지가 아직 살아 계실 때 딸들이 결혼하여 사위와 외손자 외손녀들이 생겨 대가족이 되었다. 우리는 전주 3팀, 인천 3팀으로 매년 가족 운동회를 열었다. 아이들을 위한 게임, 아이와 어른이 함께 하는 족구, 이어달리기 등 가족 운동회는 여느 단체의 운동회 못지않게 즐겁고 화기애애했다. 어머니와 아버지는 함께 뛰시랴 이팀 저팀 응원하시랴 참으로 행복해하시던 순간이었다.

부자를 꿈꾸던 단발머리 여학생은 이제 어엿한 '빽s테라피' CEO가 되었다. 사람들에게 에너지를 불어넣어 주는 에너지테라피스트 전문가가 되었다. 어릴 적 부자의 꿈을 의식하고 상상하며 지금 하는 일에 가치를 불어넣고 있다. 여기까지 오는 길에 가난했지만, 가난에 굴하지 않고 서로 돕고 사랑하는 마음으로 키우신 부모님의 영향이 크다. 이후로도 오래 주변을 사랑하고 가진 것을 나누는 삶을 지향한다. 이 순간도 행복하고 감사하다.

고객의 행복이 나의 행복

"올 한해 최고의 행운은 빽s 원장님을 만난 거예요!"

화원을 운영하는 K 대표가 말했다. 몇 년 전 모임에서 만난 성품이 좋은 분이다. '에너지테라피'가 무엇인지 처음 들어본 말이라 궁금해서 한번 받아봐야겠다는 생각이 들었다고 했다. 자신은 꽃꽂이 작품을 만들기 위해 가위를 많이 사용해야 한다. 어깨와 팔에 무리가 가고 손가락이 휘었다. 골프를 좋아하다 보니 엘보까지 와서 힘들다고 했다. 업종 상 가위를 사용해야만 하는데 가위를 쓸 수 없을 만큼 불편하다고 했다. 이런 몸에 좋은 관리가 뭐 없을까? 하고 찾던 중에 나를 만나 빽s테라피를 찾게 되었다.

먼저 그녀의 몸을 살펴보았다. 목은 두툼하게 자리한 거북목으로 순환이 안 되는 것 같았고, 등은 솟아 있어서 몸의 길들이 막혀 있음을 알았다. 독소 배출이 안 된 상태로 엘보와 손가락이 심히 불편한 상황이었다.

그녀는 에너지테라피를 5회차 정도 관리받았을 때 팔 엘보의 불편했던 부분이 점점 사라지고 있는 것을 느낀다고 했다. 처음 몇 회는 주 2회 관리를, 그다음 회차부터는 주 1회씩 지속적인 관리를 받았다. 그동안 피드백은 계속 쏟아져 나왔다.

"원장님, 거울을 보니 팔 엘보와 손가락도 좋아지고 팔뚝 살이랑 허리의 라인도 이뻐졌어요!"

그녀는 스무 살 소녀처럼 자기의 몸 상태를 좋아했다. 얼굴 주름도 없고 왜 이렇게 날씬해지고 젊어졌냐며 그녀의 지인들이 예뻐진 비결을 묻는다고도 했다.

"빽s테라피에서 관리받고 좋아졌어!"

그녀는 이렇게 답했다며 활짝 웃었다.

그 후로도 그녀는 고객 소개도 해주고 자신은 지속적인 관리를 받았다. 관리를 받을수록 몸이 좋아지는 것을 느끼니 멈출 수 없다고도 했다. 그러던 중 드디어 그녀의 몸에 에너지가 가득 충전되고 몸의 길들이 원활하게 열려 통전하는 자세가 나오기도 했다. 통전은 스스로 춤을 추듯 운동과 스트레칭을 하면서 흐트러지고 불편했던 부위가 풀리고, 막혔던 길들이 열려 몸에 놀라운 변화를 주는 에너지테라피의 최고 매력이다.

우리 몸에는 에너지가 흐르는 주요 통로가 있다. 길과 흐름 이라고 부르는 일종의 터미널 같은 집합체로 이루어져 있다. 홍수나 산사태가 일어났을 때 길 중간에 돌과 바위가 쌓이면 길이 막힌다. 길이 막히면 자동차가 다닐 수 없다. 정상적인 자 동차의 흐름을 위해서는 그 장애물을 제거해야 한다. 우리 몸 도 마찬가지다. 흐트러진 자세나 어떤 부위를 과하게 사용하면 스트레스로 장애물이 생겨 몸속 에너지의 흐름을 막는다. 흐 름을 원활하게 하려면 몸의 장애물을 뚫어주어야 한다. 그게 바로 에너지테라피 관리다. 우리 몸의 순환을 돕는 일이다.

K 대표는 바쁜 중에도 에너지테라피 관리받는 시간을 잘 지켰다. 몸의 피로가 쌓이면 예약을 한 번 더 요청하기도 했다. 그녀는 에너지테라피 관리를 받으면서 자신의 몸이 거꾸로 되 돌아가고 있는 것을 느꼈다. 자신이 직접 경험하고 효과를 체 득하니 주변인들에게도 널리 소개해 줬다. 지인은 물론이고 언 니와 동생에게도 에너지테라피를 받아보라고 권했다. 소개받 은 분들도 하나같이 에너지테라피의 효과를 입이 마르도록 칭 찬했다. "2021년은 내가 빽s테라피 빽 원장을 만난 것이 최고

의 행운"이라고 거침없이 말하는 K 대표를 보면서 에너지테라피스트로서 사람들을 행복하게 하는 것 같아 덩달아 행복하고 보람찼다.

내 인생 여정에도 여러 장애물이 있었다. 커다란 산이 떡 버티고 있을 때도 있었고 건널 수 없는 강이 가로막힌 적도 있었다. 그러나 에너지테라피를 통해 나는 회복되었다. 에너지테라피 관리를 통해 고객들이 좋아하는 모습을 보면서 또 다른 에너지를 얻었다.

나는 에너지테라피를 제대로 공부하고 끊임없이 적용하면서 몸의 길과 터미널 정거장을 완벽하게 터득했다. 홍콩 배우 이소룡이 남긴 명언이 있다. "나는 만 가지 킥을 연습하는 사람은 두렵지 않다. 나는 한 가지 킥을 만 번 연습하는 사람이 두렵다." 한 가지 일에 전념하는 사람이야말로 타의 추종을 불허하는 오직 한 사람이 될 것이기 때문일 것이다. 나 역시 전문 에너지테라피스트로서 오직 한 길만 걸으면서 고객들의 건강과 행복을 함께 나누고 있다.

몰입은 에너지원이다

인생이라는 긴 여정에서 우리는 다양한 선택을 한다.

'몰입(flow)' 이론의 창시자로 유명한 미하이 칙센트미하이 교수는 오랫동안 몰입을 연구한 결과 행복해지는 비결 세 가지를 발표했는데 그것은 바로 분명하고 구체적인 목표, 열정, 그리고 즐길 줄 아는 마음이다. 그는 몰입의 대가다. 몰입을 세계적으로 보급한 사람이다. 그는 행복의 지름길과 비결을 세 가지로 나누어 말했다.

첫째, 분명하고 구체적인 목표가 있으면 행복과 연결된다.

둘째, 열정은 잘 알려지지 않는 성공의 비밀이다. 열정적인 그룹 안에 있어라, 머물러라, 같이하라.

셋째, 즐길 줄 아는 마음이다. 목표가 없으면 땅을 보고

목표가 있으면 자연을 바라보고 힘 있게 나아간다. 목표는 내가 고민하고 내가 선택하는 문제이다.

내가 처음 에너지테라피를 만났을 때 어떤 마음 상태였는지 떠올리게 된 문장이다. 당시 나는 목표가 확실했기 때문에 피부미용과 에너지테라피를 교육받는 일에 몰두했다. 에너지테라피는 내 인생의 새로운 도전이자 꿈을 이룰 수 있는 절호의 기회라고 생각했다. 하지만 에너지테라피가 아직 대중화가 이루어지지 않은 상태에서 피부미용 원장들도 그 가능성을 의심하고 있었다.

그런 상황에서 에너지테라피 교육을 받기 시작했다. 직장생활과 주부로서의 삶을 병행하며 새로운 일을 향해 용기를 내어 임했다. 조금은 막연하고 두려웠다. 그럼에도 불구하고 지금까지 살아온 안전지대에서 도전의 장으로 한 발 내디딘다는 생각에 에너지테라피는 삶의 가장 우선순위가 되었다.

먼저, 에너지테라피 교육을 받는 태도부터 다른 사람과 다르게 열성으로 임했다. 이론과 실전이 똑같이 중요하다고 생각해 꾸준히 반복해서 연습했다. 반복만이 온전히 내 것으로 만들 수 있다고 생각했다. 즉 내 기술이 되는 것이다. 아니나 다

를까 어떤 지점에서 내가 에너지와 함께 즐기며 놀고 있다는 것을 알았다. 에너지테라피에 미쳐 있었던 것이다.

　물론 그 과정에서 어려움은 있었다. 대부분 어떤 일을 시작하고 그 일에서 전문가적 소양을 갖추기까지는 희생하고 포기해야 할 부분은 필연적이다. 그때까지 이루어 온 일을 내려놓기도 쉽지 않다. 나 역시 힘들게 배운 치과 병원 일이 제법 안정적인 단계였으나 과감히 포기하고 전혀 새로운 에너지테라피 사업에 뛰어든 것이다.

　새로운 일, 즉 에너지테라피에 전념하는 동안 가정에서 아내의 자리와 집안일 그리고 두 아들에게 따뜻하고 다정한 엄마의 자리를 다 채울 수 없었다. 그동안 가정과 가족이라는 이름으로 단단히 쌓아 올린 벽에 금이 가고 있었다. 온종일 교육과 연습, 그리고 잦은 출장으로 가족의 불만이 터져 나왔다. 삶의 파편들이 튀기 시작한 것이다. 그러나 내 안에는 에너지테라피 말고는 아무것도 보이지 않았다. 다른 사람의 말을 들어줄 마음의 여유가 없었다. 내 말도 짧아졌다. 꼭 해야 할 말만 하고 있음을 느끼게 되었다. 에너지테라피로 업계의 혁신적인 도전을 이루어 간다는 것은 결코 쉬운 일이 아니었다.

내가 원하는 것을 얻기 위해서는 어느 한 가지는 내려놓아야 한다. 아프리카 원주민들이 원숭이 사냥하는 방법을 생각해 보면 알 수 있다. 원숭이들은 자루 속 먹이를 포기하지 못해서 잡히고 마는 이야기를 들어봤을 것이다. 만약 원숭이가 자유를 얻기 위해 먹이를 포기한다면 자루 속에서 주먹을 펴면 된다. 먹이는 다시 구하면 될 것이다. 나 역시 전문 에너지테라피스트가 되기 위해 아내와 엄마 역할을 잠시 유기했을 뿐이다. 새로운 모습의 아내와 엄마가 되기 위해.

어떤 분야에서 성공하는 길은 목표를 세우고 초집중과 몰입이 필요하다. 그 후에 돌아오는 열매는 행복과 즐거움이다. 심리학자 윌리엄 제임스는 "행복해서 웃는 것이 아니라, 웃어서 행복한 것이다."라고 말했다. 구체적인 목표를 위해 열정적으로 몰입하면 목표를 이루게 되고 그러면 자연스럽게 그 일을 즐기게 되는 행복의 선순환이다.

에너지테라피스트의 길을 선택하고 나서 할 수 있는 최고의 열정을 뿜어냈다. 내 삶에서 처음으로 초 몰입했던 시간이다. 그 시간이 곧 나를 일으켜 세운 힘이자 에너지원이 되었다. 다시 선택의 순간이 와도 나는 그 길을 택할 것이다. 왜? 지금 행복하니까.

〈에너지테라피에 몰입 중〉

자칭 타칭 배터리 충전기

2022년 10월, 한 방송사 작가로부터 에너지테라피 촬영이 가능하냐고 물어왔다. 방송사가 서울이다 보니 나는 마포 샵에서 촬영 가능하다고 말했다. 작가는 촬영 고객 대상이 복부 뱃살 관리를 위해 에너지테라피를 처음 받는 분이면 좋겠다고 말했다.

섭외한 고객은 40대 후반의 여성이다. 항상 살이 쪄있고 몸이 무겁다고 했다. 날씬해져서 슬림하고 예쁜 옷을 입고 싶은데 항상 배를 가리는 펑퍼짐한 옷만 찾게 된다고 했다. 복부 뱃살로 온갖 관리를 안 해본 게 없다고 말했다. 출산으로 인해 뱃살이 늘어지고 순환장애로 부종도 조금 있어 보였다.

촬영이 시작되었다. 나는 셀프 핸들 기기를 사용하지 않고 온전히 손에서 흘러나오는 핸드 주파 요법인 에너지테라피를 이용하여 관리에 들어갔다. 허리둘레 줄이기와 늘어진 뱃살을 탄력 있게 되돌려주는 콘셉트였다. 에너지테라피를 처음 경험한 고객은 찌릿찌릿한 전류의 느낌 때문에 신기해하며 놀라는 표정과 소리도 함께 냈다. 관리를 시작한 지 30분 정도 흘렀다. 빽s테라피만의 테크닉을 적용해서 복부 뱃살을 관리한 결과 복부 사이즈가 확 달라졌다.

방송사 피디는 에너지테라피가 이렇게 빠른 변화를 불러올 수 있는 건가? 라며 기대 이상이라는 표정을 지어 보였다. 그리고 내게 말했다.

"원장님은 인간 배터리 충전기에요."

그 말에 나도 미소를 지었다.

"와우! 내가 인간 배터리 충전기라고?"

고객도 에너지테라피를 받아보기 잘했다며 매우 만족해했다.

짧은 시간에 이루어진 관리이지만 고객의 만족감이 참으로 크다. 에너지테라피의 장점은 다른 관리보다 에너지가 몸속 깊숙이 침투하기 때문에 빠르게 좋아지고 기대하는 변화를 가져다준다. 이때 고객의 고민이 무엇인지, 원하는 것이 무엇인지 아는 게 중요하다. 그것을 시각화하고 체감할 수 있도록 해주는 것이야말로 진정 에너지테라피이다.

여성 고객은 관리받기 전과 후 모습이 눈에 띄게 달라진 것을 확인할 수 있었다. 이어서 인바디 측정 데이터를 고객과 피디에게 바로 보여주었다. 전신 순환관리를 하지 않았음에도 불구하고 근력량과 에너지 대사량은 올라가고, 체지방이 감소한 것을 한눈에 볼 수 있었다. 게다가 고객은 속 근력이 탄탄해지고 에너지가 충전됨으로써 힘이 생겨나는 것을 느끼게 된다. 단 1회 관리로 기대 이상의 고객 만족을 줄 수 있으며 온몸의 신경전달을 통해 다른 부위에도 긍정적인 영향을 주는 것이 에너지테라피다.

고객의 전후 모습이 빠르게 달라진 것을 본 촬영 피디는 내게 다른 부분도 관리해줄 수 있냐고 물었다. 난 시연 받는 고객에게 변화를 주고 싶은 곳이 또 어딘지 물었다. 두꺼운 허벅지 살과 다리가 고민이라고 말했다.

한쪽 허벅지와 다리를 에너지테라피 15분 관리 후 좌우 비교 사진을 찍었다. 울퉁불퉁하고 외반이 있어 틀어진 허벅지와 다리가 매끄럽고 날씬하게 쭉 뻗은 다리, 균형 잡힌 다리로 변했다.

영상 촬영을 모두 마친 후 고객은 카메라 앞에서 소감을 말했다. 이런 에너지테라피는 난생처음 경험하는데, 받고 나니 몸이 너무 가볍고, 배에 힘이 생기고, 속근력도 탄탄해진 것 같다고 했다. 변화가 눈에 보이고 데이터로 볼 수 있어 믿음이 간다고도 말했다. 고객은 카메라 앞에서 말하는 것이 처음이라고 했다. 그런데 느낌이 너무 좋아서 말이 술술 나온다며 솔직하게 표현도 잘하고, 있는 그대로 잘 말해 주었다.

〈방송 촬영 중 복부 관리 시연 중〉

우리 몸의 에너지는 다운되기도 하고 소진되기도 한다. 에너지가 다운되면 몸속 세포들이 원활하게 일하지 않기 때문에 지방이 쌓이게 된다. 그러면 독소 배출이 안 되어 몸에 쌓이게 된다. 이런 사람들에게 에너지충전은 필수다. 사람은 자연 속에서 에너지를 받아야 하고, 운동을 통해서도 에너지를 받아야 한다. 그리고 자칭 타칭 배터리 충전기인 내게 에너지 충전을 받음으로써 활력이 살아나고 빠른 속도로 아름다운 바디라인을 만들어 갈 수 있다. 복부와 허벅지로 고민하는 분이라면 '빽s 테라피'에 오시어 에너지테라피 관리를 받아보길 권한다. "전류 테라피로 되찾는 내 몸의 시간"을 피부로 느낄 수 있을 것이다.

5

내 가슴을 뛰게 한 민다나오 (1)

해마다 여름휴가 기간이 되면 모든 일손을 내려놓고 선교지를 향해 떠난다. 이번 봉사는 필리핀 민다나오섬이다. 인천공항에서 비행기를 타고 마닐라 공항까지 가서 다시 필리핀 남단에 있는 다바오행 비행기를 타고 두 시간 정도 하늘을 날다 보면 다바오 공항에 도착한다. 거기서 또다시 버스로 이동하여 숙소에 도착하니 깜깜한 밤중이다.

따꿈 마을의 아침이 밝아왔다. 선교팀은 각각 주어진 달란트대로 사역을 시작했다. 우리 에너지테라피 팀은 먼저 현지인 사역자 전도사님들의 몸부터 관리해 주기 시작했다. 어린 두 아들을 둔 30대 젊은 전도사님은 목과 어깨와 팔이 불편해 힘들어했다. 아픔을 참고 지낸 모습이 얼굴빛에 역력히 나타났다.

에너지테라피 관리를 받은 사람마다 "이게 뭐지?" 하고 놀라워했다. 그들의 얼굴빛이 환해지고 몸은 에너지로 가득 찬 듯했다. 그들은 하나같이 "테라피! 테라피!" 하면서 좋아했다. 그들로 인해 교회에 몰려든 사람들에게 저절로 홍보가 되었다. 이어 대기하는 사람이 많아져 줄서기 시작했다. 우리는 일손이 바빠졌지만, 정성을 다해 마음을 쏟아부었다. 생전 처음으로 에너지테라피를 받고 난 그들의 피드백은 그야말로 감동이었다. 덕분에 우리는 힘든 줄 모르고 며칠째 에너지테라피 봉사를 계속할 수 있었다.

그곳 교회는 한국 선교사 부부가 세웠다. 여건이 안 되어 남의 집을 빌려 마당에 예배당을 만들고 선교를 시작했다. 담벼락에 철망을 제대로 치지 않아서 뱀이 담을 타고 넘어오기도 한다며 조용히 웃었다. 함께 간 팀들이 촘촘히 철망을 쳐주었다. 고장 난 전기도 고쳐주었다.

하루는 깔멘 마을 교회로 이동했다. 그곳은 더 열악했다. 선교위원장이자 나와 한 팀인 남편은 나보다 더 열정적으로 임했다. 많은 분이 있지만, 잘 걷지도 못하는 노인 한 분을 자녀가 부축해서 오셨다. 양쪽 다리에 부종과 무릎염증이 너무 심해서 고통스러워했다. 우선 그분의 한쪽 다리를 먼저 관리하기 시작했다. 피부 표면의 땀구멍이 열리면서 몸속의 독소와 염증이 쭉쭉 품어져 나오기 시작했다. 다리 부종이 그 자리에서 눈에 띄게 가라앉았다. 노인은 아픔이 점점 줄어든다고 했다. 그곳에 있는 모든 분이 그 상황을 지켜보고 놀라워했다. 그곳은 40도가 넘는 무더위에 에어컨은 커녕 선풍기도 제대로 없었다. 우리는 땀으로 목욕했다. 숨이 막힐 정도로 더웠지만 우리는 무언가 이겨낼 힘이 샘솟는 듯했다. 오히려 마음속에서는 시원함을 느끼는 시간이었다.

아쉬운 마음을 뒤로하고 우리는 다른 장소로 이동했다. 그곳은 운동장으로 이미 남녀노소가 많이 모여 있었다. 우리 옆에는 미용 사역을 하는 사람들의 일손이 바쁘고, 에너지테라피 사역 역시 정신없이 바빴다. 어깨, 팔, 허리가 불편한 아저씨와 할머니, 아줌마, 피부 트러블로 모여든 젊은 여성들로 꽉 찼다. 일정상 다하지 못하고 와야만 하는 아쉬움을 뒤로 한 채 버스로 향했다. 나는 그들에게 손을 흔들며 다시 오겠다는 약속을 남겼다.

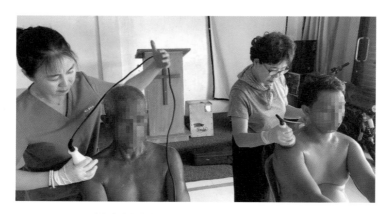

〈에너지테라피를 처음 경험하는 깔멘의 주민들〉

　내가 하는 일은 민다나오섬에서 아주 극소수에게 도움을 줄 뿐이다. 어떻게 하면 많은 이들에게 도움이 될 수 있을까 생각해 보았다. 여자 선교사는 오랫동안 한쪽 팔과 팔목이 아프고, 남자 선교사는 목과 어깨 등이 아픔에도 불구하고 당신들 몸을 먼저 챙기지 못하고 있었다. 나는 잠자는 시간을 줄여 테라피 기기를 들고 그분들 숙소로 갔다. 직접 받아봐야 에너지테라피가 좋다는 것을 몸으로 느끼기 때문이다. 그분들은 에너지테라피를 받는 내내 내가 가지고 있던 비전을 같이 보았다. 에너지테라피에 대해 이야기를 나누면서 어디에 어떻게 필요한지를 생각했다.

이왕이면 많은 사람에게 도움이 되었으면 하는 마음으로 이곳 민다나오에 에너지테라피 기기 한 대를 기증하고 싶었다. 선교사님이 사용하면서 한 사람을 가르쳐 일하게 하면 되었다. 더불어 숍을 열고 수익도 낼 수 있으면 일거양득이다. 선교사 두 분은 내게 진심으로 고맙다고 했다. 기기 한 대로 민다나오에서 에너지테라피가 널리 알려질 것을 생각하니 기뻤다.

나는 제2, 제3의 빽s테라피 원장이 국내 및 해외에서도 일할 수 있도록 사람을 양성하고 싶다. 하지만 나 혼자의 힘으로는 한계가 있다. 선교비를 보내는 것으로는 지속적이지 않다. 원하기로는 각 나라에서 일터 사역을 활성화함으로써 일자리 창출과 수익을 낼 수 있도록 숍을 운영하면서 선교의 목적인 영혼 구원 사역에 힘쓰는 시스템으로 방향을 잡아야 한다. 선교의 비전을 품은 이들이 각 나라에 기기 한 대씩 후원하는 방법을 생각해 본다. 내가 혼자 하는 것은 너무 더디고 힘들지만, 같은 곳을 바라본다면 가능한 일이라고 생각한다. 무엇보다 이 일은 영혼을 살리고 육체를 돌보는 일이기 때문이다.

〈기기를 기증받고 기뻐하는 선교사 부부〉

어떤 사람이 100일 동안 매일 하나님께 복권이 당첨되게 해달라고 간절히 기도했다. 어느 날 하나님께서 나타나 하시는 말씀이 "복권부터 사거라"라고 했다는 일화가 있다. 일화를 통해 주는 메시지가 있다. 무슨 일을 하려거든 행동으로 옮기라는 뜻이다. 또 우리는 항상 동역자가 필요하다. 혼자서는 한계가 있기 때문이다. 함께하는 삶이 행복하고, 함께하는 힘은 시너지가 배가 될 것이기 때문이다. 나는 민다나오섬의 선교를 계기로 에너지테라피를 세계에 전파하고 싶다.

6

내 가슴을 뛰게 한 민다나오 (2)

"그런즉 믿음, 소망, 사랑 이 세 가지는 항상 있을 것인데
그중에 제일은 사랑이라."

– 고린도전서 13장 13절

올해도 7박 8일간 필리핀으로 선교를 떠나기 위해 여름휴
가를 냈다. 1년 전 다녀온 민다나오섬으로 향했다. 이번에도 인
천공항에서 마닐라로, 다시 다바오 공항에 도착 후 한참을 버
스로 이동하여 작은 도시 따꿈 마을에 도착했다. 꼬박 하루가
걸렸다. 동행한 24명 모두 기진맥진한 상태가 되었다.

내가 매년 해외 오지로 선교사역을 가는 이유는 남이 가지

않는 힘든 곳에서 사랑을 전하는 한 사람이 되고 싶기 때문이다. 따꿈 지역에서 며칠 동안 일정을 마치고 작년에 찾아갔던 칼멘 지역으로 이동했다. 사역할 운동장에는 에너지테라피를 받을 고객들이 줄을 지어 순서를 기다리고 있었다.

중년 남성으로 보이는 남자 차례가 되었다. 그는 몸이 불편해서인지 안색이 찌푸려 있고 등은 굽은 상태였다. 필리핀은 영어권 나라기 때문에 짧은 영어와 바디랭귀지를 섞어서 그에게 묻기 시작했다.

"어디가 불편한가요?"

그는 목, 어깨, 허리가 불편하다고 손짓 몸짓으로 말했다. 상체 후면을 자세히 보았다. 그의 목근력은 약해져 가로로 주름지고 어깨와 가슴은 라운드 숄더 상태가 심했다. 그리고 좌우 허리 척주기립근이 심하게 틀어져 밸런스가 깨져 있었다. 나는 상체 전면과 후면의 목과 어깨, 그리고 허리기립근 교정관리를 위해 에너지테라피 관리를 열심히 해주었다. 그의 몸은 에너지테라피를 30분 받고 난 후 독소가 배출되면서 바로 좋아졌다. 그 모습을 보면서 나도 깜짝 놀랐다. 그의 측만 된 허리는 반듯하게 되돌아왔고, 구부렸던 목과 가슴은 편안하게 펴진 모습으로 변했다. 그는 에너지테라피를 받기 전과 다르게 표정이 밝아지고 생동감이 넘쳤다. 그 자신도 매우 놀랍다는 표정으로 엄지척하면서 내게 고맙다는 표현을 했다. 사진도 같이 한 컷 찍었다. 놀랍게도 선교지에서 에너지테라피를 받은 사람들의 몸의 반응과 회복이 빠르게 되돌아오는 것을 보면서 보이지 않는 어떤 힘을 느꼈다.

필리핀 선교를 통해 조건 없이 봉사하는 것이 사랑이라는 것을 깨달았다. 내가 가지고 있는 사랑을 나눌 때 그들도 그들의 방법대로 사랑을 전한다. 그래서 1년에 한 번 여름휴가를 낸다. 나는 내가 가지고 있는 재능을 필요한 곳에 나눌 때 진정 행복감이 샘솟고 새로운 에너지를 충전 받고 오는 시간이 된다. 한 줄기 전류의 기적과 같은 사랑의 에너지, 이것이야말로 '빽s테라피'의 핵심이고 가치다.

누구나 생각대로 행동하기는 어렵다. 나도 사람이고 사업하는 사람이다. 휴가를 낼 때마다 고민되는 건 당연하다. 회사 대표로서 7박 8일 동안 문을 닫고 선교를 떠나고자 할 때 사업과 이익을 생각하면, CEO로서 섣불리 결정하기 어렵다. 하지만 나에겐 사명이 있다. 봉사와 사랑을 실천하기 위해 용기를 내는 것이다. 실천하는 과정에서 기쁨이 배가 되고 에너지가 샘솟는다. 배터리 충전하듯 내 안에 에너지를 가득하게 충전하고 돌아온다. 내가 에너지테라피를 하는 이유이다.

에너지테라피는 사랑이다. 환경이나 여건을 따지지 않고 내게 주어진 상황에서 사랑을 실천한다. 내가 마음을 열고 정성을 다했을 뿐인데 내가 더 에너지를 받고 있어서 감사하고 행복하다.

내가 에너지테라피를 즐기는 이유

知之不如好之 (지지불여호지),

好之不如樂之 (호지불여락지)

"아는 것은 좋아하는 것만 못하고

좋아하는 것은 즐기는 것만 못하다."

— 공자 《논어》

나는 에너지테라피스트로서 일을 즐기는 이유가 있다. 몸이 안 좋아 빽s테라피를 찾아오는 고객들의 호전된 모습을 바로 확인할 수 있기 때문이다. 나라를 구하는 일은 아니지만 적어도 사람을 돕는 일이기 때문이다. 에너지테라피를 받은 고객은 몸이 좋아져서 좋고, 나는 내 일에 대한 보람을 느끼는 서로 상생하는 일이기 때문이다.

　남편의 병간호를 20년 가까이 하면서 자녀들까지 돌보느라 본인 몸을 챙길 겨를조차 없었던 70대 후반의 한 고객은 걷는 것은 고사하고 몸을 지탱하는 것조차 힘들어하던 분이었다. 그동안 물리 치료를 받으러 병원을 전전하다 딸의 권유로 빽s테라피를 찾아오셨다.

　"계단이 왜 이렇게 높아요. 난간에 잡을 봉도 없어서 간신히 올라왔어요."

　딸의 부축을 받고 올라오신 어머님은 상기된 얼굴로 불만을 토로했다. 건물 2층에 있는 빽s테라피 숍은 아쉽게도 엘리베이터가 없다.

　"네. 올라오시기 너무 힘드셨죠?"

　죄송한 마음에 말끝이 흐려졌다. 가끔 거동이 불편한 고객이 방문할 때 숍을 옮겨야 하나 고민했다.

　"이왕 왔으니 대체 무엇인지 한번 받아봅시다!"

　어머님은 허리에 힘이 없어서 복대를 하고 다닌다고 했다. 어머님의 몸을 이곳저곳 살피면서 순환이 잘 안되는 부분부터 정성을 쏟아 에너지테라피 관리를 해 드렸다.

　"진즉에 이곳으로 와서 받아볼 것을 다른 곳만 찾아다녔

네!"

어머님은 관리가 끝난 후 일어나 미소를 한가득 머금고 말씀하셨다.

"괜찮으셨어요?"

"응. 너무 좋아!"

어머님은 매우 만족해하며 딸에게 다음에 또 관리받고 싶다고 말했다.

다음 예약일이 되었다. 계단에서 누가 올라오는 소리가 들려 나가보았다. 그 어머님이 혼자서 지팡이를 쓰지 않고 높은 계단을 올라오고 있었다.

"어머니, 제가 부축해 드릴게요."

"괜찮아. 나 혼자 올라갈 수 있어."

어머님은 손사래를 치며 혼자 올라오셨다. 숍에 들어와서는 숨을 한 번 고르더니 말씀하신다.

"저번에 내가 계단에 보호대 봉 달아야겠다고 했는데, 그럴 필요 없어. 이젠 혼자 올라올 수 있겠어."

그리고 가방 속에서 인절미를 꺼내 먹어보라며 내밀었다. 보행이 자유롭지 않은데도 불구하고 따뜻한 정이 넘치는 고객과 이런 시간이 에너지테라피스트로서 보람을 느낀다. 그동안 다리가 불편해 집에만 있고 싶었는데 빽s테라피에서 에너지테라피를 받고 나니 이제는 꽃구경도 가고 싶다며 활짝 웃는 어머님 얼굴에 화사한 꽃이 피는 것 같았다. 매번 회차마다 어머니를 모시고 빽s테라피에 오는 착한 딸 역시 어머니가 사람 만나는 걸 싫어하셨는데 지금은 노인복지센터 활동도 활발하게 하시고 마음까지 여유로워져 자주 "빽s, 감사해!" 하시며 웃는다고 말했다.

어느 날 50대 후반 남성 고객이 빽s테라피 숍을 찾았다. 그는 최근 활동 에너지가 급격히 저하하고 몸의 좌우 밸런스가 흐트러진 상태라고 했다. 병원 치료는 받고 있지만 만족할 만큼 호전되지 않아서 에너지테라피를 한번 받아보기 위해 찾아왔다고 했다. 그는 몸이 말을 듣지 않아 계단을 올라오는데도 힘겨웠다고 했다.

나는 초집중해서 고객의 뭉친 부위를 풀어주고 몸의 균형을 잡을 수 있도록 틀어진 부위를 중점적으로 에너지테라피 관리를 했다. 관리를 마친 고객이 걸어 나가는 모습은 들어올 때의 모습과 달리 반듯하고 힘이 있어 보였다.

"중심을 잡을 수 없을 정도로 힘겹게 오신 분이 관리받고 전혀 다른 모습으로 나가시네요!"

에너지테라피를 관리받는 현장에서 고객의 즉각적인 변화

에 교육생이 놀라며 말했다.

　나는 이렇게 전기를 가지고 매일 놀고 있다. 내 몸의 에너지가 투영되어 내 손끝에서 흘러나오는 전류를 고객의 몸에 충전하고 배출시키기도 한다. 세포를 살리는 데 도움을 주며 약해진 근력을 탄탄하게 해주고 뭉친 곳은 풀어준다. 고객의 건강한 몸을 위해 힘을 불어넣어 주고 활력을 찾게 해준다.

　건강하고 생명력 넘치는 삶을 원하는가? 그 원천은 바로 에너지다. 에너지가 떨어졌다고 생각될 때 인체에 흐르는 생체전류와 가장 유사한 파형을 가진 전류를 몸에 충전해 주면 에너지가 살아난다. 즉 에너지테라피를 받으면 된다. 가끔 고객에게 묻는다.

　"혹시 전기를 무서워하십니까?"

　대부분은 무섭다고 말한다. 그때마다 독일의 에르빈 네허(Erwin Neher) & 베르트 자크만(Bert Sakmann) 박사의 연구 내용을 말해 준다. 두 박사는 1991년, 세포와 세포 속에는 이온 통로가 있음을 발견했다. 이 이온 통로가 미세전류로 제어되는 것을 규명한 공로로 노벨 생리의학상을 수상했다.(출처: 네이버) 따라서 에너지테라피는 전기적 신호가 신경세포에 전달되어 세포들이 서로 의사소통을 하게 된다. 전기를 두려워할 필요가 없다는 이야기다.

나는 생체전류 에너지테라피로 고객들의 몸의 시간을 거꾸로 되돌려 드리기 위해 오늘도 전기를 가지고 즐기고 있다. 에너지 전문가로서 내가 하는 일을 좋아하고 즐기니 천직이라고 감히 말할 수 있다.

내 나이가 어때서

2021년 어느 날, 통화를 원하는 문자 하나가 와 있었다. 전화를 걸었다. 연세가 지긋하게 느껴지는 허스키한 목소리의 어르신이었다. 안마원을 운영하고 있는데 에너지테라피에 관심이 있어서 시연을 받고 싶다고 했다. 나는 교육팀장인 두 아들과 함께 기기와 이동식 침대를 준비해서 올라갔다.

그는 안마원을 오랫동안 운영해 왔다고 했다. 같은 업종에 종사하는 60대부터 70대 중후반 되는 사람들과 함께 우리를 기다리고 있었다. 그분은 에너지테라피에 대해 궁금한 게 많았는지 질문이 많았다. 76세의 나이에도 불구하고 일을 계속하려는 열정과 자부심이 느껴졌다. 하지만 몸에 무리가 오고 힘이 들어 새로 도입할 무언가를 찾고 있다고 했다.

두 교육팀장과 차별화된 관리법으로 정성껏 시연해 주었다. 기기 작동법과 버튼 위치를 잘 익히도록 집중해서 교육해 주었다. 에너지테라피의 장점을 말해 주었고 이익에 대한 설명과 구매 후 교육 일정까지 이야기했다. 에너지테라피 시연을 받은 후 몇 분이 그 자리에서 바로 기기를 구매하였다. 이후 여러 회차에 거쳐 교육을 해줬다. 그들은 그동안 살아온 축적의 시간 속에서 얻은 경험과 노하우가 있어서인지 습득이 무척 빨랐다.

그분은 지금도 안마원에서 에너지테라피 관리를 하고 있다. 80세의 나이도 잊은 채 일하는 모습은 비장애인에게 도전을 불러일으킨다. 나는 50대 초반에 에너지테라피라는 새로운 일에 도전했다. 큰 용기가 필요했다. 20대 시절 디자인 공부를 포기했던 것이 오랫동안 후회로 남아있었다. 같은 후회를 반복하고 싶지 않았다. 이번만큼은 내게 주어진 마지막 기회라고 생각했다. 무슨 일이 있어도 놓치고 싶지 않았다. 물론 내 자신도 그 나이에 피부숍이라니! 꿈에도 생각하지 못한 일이었다. 그러나 시작하고 나니 숨어있던 열정이 살아나는 것을 느낄 수 있었다.

주변 지인들은 내게 말했다.

"네 나이에 무슨 피부숍을 시작한다는 거야? 더구나 한 번도 안 해본 일을 그 나이에?"

혹시라도 실패할지 걱정 어린 조언이라는 것을 안다. 우려의 시선을 물리치고 보란 듯이 성공하기 위해 남들보다 더 열심을 내야만 했다.

에너지테라피라는 새로운 분야에서 창업을 계획하는 분들이 상담을 요청해 왔을 때 이렇게 말해 준다. 에너지테라피는 70세가 넘어서도 충분히 할 수 있는 일이라고. 일할 수 있는 것만으로 노후보장이 되고 수익 창출은 물론 고객 건강에 도움을 주는 비전이 있는 일이라고. 실제로 위 사례처럼 70세 후반을 넘기고, 지금 80세임에도 불구하고 열정적으로 에너지 넘치게 에너지테라피를 하고 계시지 않은가.

사업에 실패했거나 피치 못할 어려운 경제 상황으로 인해 일을 시작하지 못한 사람들, 또 두려움과 자신감이 없어 새로운 일에 도전하지 못하고 있는 사람들에게 에너지테라피를 전파하고 싶다. 요즘 무기력에 빠져 외부 활동을 멈추고 방에만 틀어박혀 지내는 청년들도 주변에서 볼 수 있다. 이들이 만약 76세에 에너지테라피라는 새로운 일을 시작하고 80세가 되어서도 열정적으로 일하고 있는 분을 본다면 무슨 생각을 할까?

사람은 사회적 동물이다. 일이든 취미활동이든 누군가와
더불어 살 때 건강한 에너지를 뿜어낼 수 있다. 따라서 조금이
라도 일의 부담과 긴장이 있을 때 우리 몸은 더 건강해진다. 나
이는 숫자에 불과하다. 나이를 의식하고 멈춰 있으면 과정도
없고 성과도 없다. 80대라도 도전하는 자가 성과를 낼 수 있다.
나이에 연연하지 말고 이 순간 자신이 하는 일에 열정을 쏟아
보자.

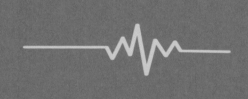

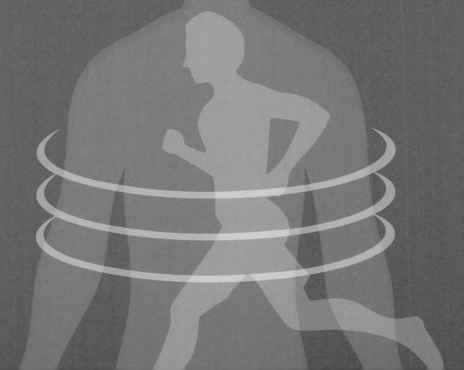

제2장
왜 에너지테라피인가

왜 에너지테라피인가

내가 정말로 원하는 것이 무엇일까?

어떻게 하면 내가 원하는 것을 이룰 수 있을까?

나는 누구인가?

나를 설레고 흥분되게 하는 것은 무엇인가?

내가 정말 좋아하고 잘할 수 있는 것은 무엇일까?

지금까지 살아오면서 즐겁고 행복했던 일은 무엇이 있을까?

무엇이 진정 나의 가슴을 뛰게 하는가?

어떻게 하면 내가 다른 사람들의 인생에 가치 있는 것을 보탤 수 있을까?

유길문의 《더 시너지》를 읽다가 만난 문장이다. 이 문장을 만나는 순간 무릎을 쳤다. 내가 정말 원하는 일, 나를 설레고 흥분되게 하는 것, 진정 나의 가슴을 뛰게 하는 무엇이 바로 에너지테라피라는 것을 알았기 때문이다. 에너지테라피를 처음 시작할 때부터 이 일이야말로 지금까지 해온 일 중에서 가장 즐겁고 행복한 일임을 알았다.

에너지테라피는 몸과 마음의 에너지를 조화롭게 만들어 주는 대체요법이다. 즉 우리 몸에 흐르는 에너지를 활용하는 기법으로 손이나 기기를 사용해 생체에너지를 활성화해 우리의 몸과 마음의 균형을 맞추는 요법이다. 즉 우리 몸에 흐르는 생체전류와 가장 유사한 파형을 가진 전류를 관리사의 손을 통해서 고객의 몸에 주입하는 핸드주파수 기술이다. 인증된 에너지테라피 미용기기를 이용해 전류를 내 손끝에서 고객의 몸으로 전달해 주는 것이다. 말하자면, 건강한 몸과 정신, 피부 케어를 동시에 할 수 있는 신개념 테라피다.

왜 에너지테라피인가? 에너지의 흐름을 바꾸면 몸의 나이도 되돌릴 수 있다. 생명력 활성화, 면역력 강화, 근육 강화에 큰 도움이 된다. 또 세포에 생체전류를 침투해 주면 세포가 활성화된다. 그뿐만 아니라 속근육부터 차오르는 전신 리프팅, 틀어진 어깨와 골반을 잡아주고, 얼굴 피부톤 변화, 주름 개선과 탄력 향상, 불필요한 지방 감소, 가슴과 엉덩이 등 피부의 탱탱함을 유지해 준다. 혈관에 탄력을 주어 몸의 외적 아름다움뿐만 아니라 내적 아름다움까지 회복시켜 주는 관리다.

우리 몸에는 생체전류라는 미량의 전류가 흐른다. 그런데 각종 스트레스, 전자파, 노화, 흐트러진 자세, 면역력 저하 등으로 혈액순환이 원활하지 못하게 되면서 몸의 압력이 줄어든다. 이는 몸의 전류가 감소하고 흐름에 문제가 생기게 된다. 쉽게 말하면 우리 몸속에 흐르는 전류가 점점 약해지고 완전히 소멸하면 생명이 다하게 된다.

우리 몸의 근육은 650개 이상으로 구성되어 있다. 이 근육이 무너지면 골격이 무너지고 골격이 무너지면 장기가 무너지게 된다. 근육 운동이 중요한 이유는 큰 근육들이 수축과 이완을 반복하면서 머리끝부터 발끝까지 혈류를 순환시키고 원활한 혈액순환을 돕기 때문이다.

만약 근육이 약해지면 불필요한 세포 덩어리들이 생겨나 체형이 틀어지고, 산소와 영양소 공급 저하, 부종, 혈액 순환 문제, 노폐물 배출 저하 등으로 노화가 급속도로 진행되고, 신체적인 문제점이 발생하게 된다.

이 모든 기능이 원활하게 돌아가기 위해서는 생체전류가 필요하다. 생체전류가 약해지면 노화도 빨라지기 때문에 에너지 충전을 꼭 해주어야 한다.

에너지테라피를 받으면 좋은 점을 정리해 본다.

• 스트레스 해소 및 심신 안정

에너지 흐름을 조화롭게 만들어 스트레스를 줄이고 긴장된 신경을 이완시켜 심리적 안정감을 제공한다. 몸속의 에너지가 균형을 이루면 수면의 질을 높여 숙면을 취할 수 있다. 따라서 안정된 감정을 유지하여 삶의 만족도가 올라간다.

• 체내 에너지 균형 회복

몸속 에너지가 막히거나 불균형이 오면 피로와 무기력함 등을 느낄 수 있다. 에너지테라피 관리를 통해 이런 문제를 완화하게 된다. 또 기의 흐름을 원활하게 하여 활력을 되찾도록 돕는다.

• 혈액순환 및 면역력 강화

에너지 순환은 신체의 혈액순환과 밀접하게 연결되어 있다. 따라서 혈액순환이 개선되면 면역체계가 강화되고 몸이 더 건강해진다.

· 통증 완화 및 근력 이완

긴장된 근력과 신경을 이완시켜 만성 통증이나 피로를 줄이는 데 도움을 준다. 특정 에너지 포인트 등을 자극하여 통증을 완화에 도움을 줄 수 있다.

· 자기 치유력 강화

우리 몸은 자가치유력이 있다. 에너지테라피는 몸이 가진 본래의 치유력을 깨워 스스로 건강을 회복할 수 있는 몸속 환경을 만들어 준다. 이는 장기적으로 체질 개선에 도움이 된다.

· 심리적 안정과 긍정적인 에너지 증대

에너지테라피를 받는 동안 우리 몸은 부정적인 감정을 정화하고 긍정적인 에너지로 채워진다. 이로써 우울감이나 불안감이 줄어드는 결과를 느낄 수 있다.

· 삶의 질 향상

신체적·정신적 건강이 향상되면 일상생활에서도 활력과 집중력이 높아진다. 더 풍요롭고 자신 넘치는 삶을 누릴 수 있게 된다.

현대인들은 앉아 있는 시간이 많아지면서 자세가 흐트러질 염려가 많다. 자세가 흐트러지면 몸의 좌우 밸런스가 맞지 않는다. 우선 근육이 뭉치고 수축하여 순환장애로 이어져 신경이 눌리고 아픔을 느끼게 된다. 이런 몸 상태로 무거운 것을 들거나 하면 통증은 더 심해진다. 많은 사람이 이런 상태에서 병원을 찾는다. 그러나 통증은 병원에서도 쉽게 호전되지 않을 때도 있다. 결국, 마지막 수단으로 에너지테라피 관리실을 찾는 분들이 있다.

매일 걷기 운동, 스트레칭 등 가벼운 운동이라도 꾸준히 하는 것이 매우 중요하다. 그러나 바쁜 일상으로 인해 운동할 시간을 내기 힘든 고객들이 많다. 그런 사람들에게 에너지테라피를 주 1회 관리받기를 권한다. 불편한 증상이 심할 경우 주 2회 관리를 받으면 빠른 속도로 몸을 되돌릴 수 있다.

에너지테라피는 아직 생소한 분야로써 모르는 분들이 많다. 그러나 젊고 아름다운 몸을 오랫동안 유지하고 싶은 사람은 많다. 젊고 건강했던 그 시간으로 되돌아가고 싶은가? 그렇다면 빽s테라피의 문을 두드려 보시기 바란다.

"go to the Backs"

생체전류 에너지를 충전 받고 10년 전의 건강과 아름다움
을 되찾을 수 있을 것이다.

〈빽s테라피 초기 CI〉

〈빽s테라피 현재 CI〉

2

에너지테라피의 꽃은 통전이다

"죽기 전에 꼭 한번 받아봐."

헤어숍을 30년 가까이 운영하는 S 대표가 주변 사람들에게 말했다. 에너지테라피를 받고 나서 감동받아 한 말이다. 온종일 서서 일하다 보니 목, 어깨, 팔, 손목은 물론이고 다리 부종에 순환이 잘 안되어 너무 힘들다고 했다. 지칠 대로 지쳐 곧 죽을 것만 같아 가슴이 답답하고 숨이 안 쉬어진다고 했다. 어깨는 항상 콘크리트 시멘트로 덮어놓은 것처럼 갑갑하기도 하고, 쌀가마를 메고 있는 것처럼 무겁다고 했다.

그녀는 이렇게 몸이 힘들고 지쳐있을 때 빽s테라피 숍을 방문하여 관리를 한번 받았다. 받고 나서 느낌이 너무 좋다고 했다. 건강을 위해 무조건 시간을 내서 에너지테라피를 받겠다면서 다음을 예약했다. S 대표는 예약한 관리를 한 번도 빠지지 않고 꾸준히 받았다. 그러자 점차 몸에 변화가 생기기 시작했다. 두통이 심하고, 어깨와 등, 배탈, 감기몸살, 코로나가 걸려 힘들 때도 무조건 빽s테라피로 찾아왔다.

일주일에 한 번 관리를 받다가 시간 여유가 되면 주 2회 관리를 받았다. 30회 이상 관리를 받던 어느 날, 그녀의 몸에 에너지가 가득 충전되면서 통전 신호가 느껴졌다. 굳어진 근육이 풀어지고 관절의 가동 범위가 높아지면서 스트레칭을 하듯 팔을 흔들기 시작하더니 머리와 목을 좌우로 흔들며 춤을 추기 시작했다.

통전은 에너지테라피 관리사의 손끝에서 흘러나오는 에너지가 고객의 몸에 가득 채워지면 몸의 기가 열려서 자신도 모르게 춤과 운동하는 동작들이 나온다. 이는 뇌의 신호에 따라서 아픈 곳을 스스로 풀어가는 놀라운 현상이다. 마치 방언이 터지는 것처럼 전혀 의도하지 않았는데 몸이 자유롭게 움직이는 것이다. 이런 현상을 눈앞에서 목격하면 가히 신비롭기까지 하다.

S 대표는 빽s테라피 영상을 볼 때마다 어떻게 저런 춤동작이 나올까? 의구심이 들었다고 한다. 막상 본인이 춤을 추며

스트레칭 동작을 하게 되니 너무 신기하고 놀랍다고. 그리고 지금 빽s테라피 홍보대사가 될 정도로 입소문을 내준다.

그녀는 에너지테라피 관리를 받던 중에 의도적이고 의식적으로 통전 된 것이 아니다. 관리사를 믿고 꾸준히 관리받은 결과 전신 통전을 하게 된 것이다. S 대표에게 말했다. 육체가 복권에 당첨된 거라고.

에너지테라피의 꽃은 통전이다. 통전은 놀라운 비밀과도 같다. 긴장을 풀어주는데 탁월하다. 슬픔과 기쁨을 밖으로 뿜어내며 정신건강에도 여러 가지 시너지 효과를 볼 수 있다. 몸의 막힌 길들이 열리게 되어 순환이 잘되고 약해진 몸의 생체전류가 가득 충전되면서 나타나는 몸짓이다. 이때 흘러나오는 음악에 집중해도 좋다. 음악에 박자를 맞춰 통제하지 않으면 한 시간 이상 넘게 춤을 추기도 한다. 통전하고 난 후에는 얼굴이 복숭앗빛으로 환하게 변한다. 무거웠던 몸이 가벼워지고 붕 떠서 날아갈 듯 한 기분이 된다.

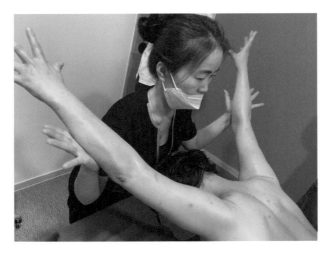

〈에너지테라피 관리 중 통전 모습. 통전하면 자신도 모르게 몸이 움직인다〉

　사람마다 몸의 반응과 시차가 있다. 하지만 고객들은 자기의 몸이 건강한 몸으로 되돌아올 때까지 관리사를 믿고 기다려 주지 못한다. 통전이 되기까지는 더욱 인내하지 못한다. 그러나 일단 통전이 되면 흐트러진 몸이 되돌아오는 속도에 가속도가 붙는다. 아프고 불편했던 곳이 빠르게 사라진다. 우리 몸의 생체전류는 가만히 있어도 감소 되기 때문에 정기적인 관리로 에너지테라피 충전을 해줘야 한다.

다음은 생체전류의 중요성을 잘 인식해야 하는 이유이다.

첫째, 에너지테라피는 빠른 속도로 우리 몸속에 필요한 생체전류를 충전해 준다.

둘째, 에너지테라피는 다른 관리에 비교해 아프지 않으면서 겉근육, 속근육, 뼈, 신경, 장기에 이르기까지 에너지가 깊숙이 침투한다.

셋째, 통전이 됨으로써 빠른 속도로 흐트러진 몸을 되돌릴 수 있어 아름답고 건강해진다.

100세 시대 우리의 염원은 건강하고 아름다운 삶을 오래도록 유지하는 것이다. 한 송이의 아름다운 꽃을 피우기 위해서는 적당히 물을 주고 빛과 공기에 노출해 줘야 하듯 우리 몸도 꾸준한 관리가 필요하다. 그래야 젊음을 유지하고 건강한 몸을 만들 수 있다. 비록 지금 건강에 조금 불편한 점이 있더라도 아름답고 건강한 몸으로 되돌리고 싶다면 에너지테라피를 제대로 받아보길 권한다. 그리고 에너지테라피의 꽃인 통전을 경험해 보길 바란다.

3

내 몸의 단점을 보완해 준다

리더로서 사업 마인드가 훌륭해 탁월한 성과를 내는 L 대
표, 그러나 그의 건강은 안심할 수 없었다. 나와 그의 주변 사
람들은 건강과 지속적인 사업을 위해 빽s테라피 관리를 받아
보라고 권했다. 그는 사업상 바쁘기도 했지만, 빽s테라피가 생
소하여 선뜻 결정하지 못하고 차일피일 미루고 있었다.

그러던 어느 날, 그는 빽s테라피 사업장 발표와 한양대 임
창환 교수의 뉴럴링크라는 프로그램(유튜브, 네이버자료)을 접했다.
그는 생각이 달라졌다. 사람의 몸은 전기 충전과 전류 자극을
통해 손상된 세포가 살아난다는 논문을 근거로 설명하는 교수
의 말에 에너지테라피에 대한 눈이 번쩍 뜨인 것이다. 나 또한
에너지테라피 전문가로서 몸속 피를 맑게 해주고 혈액순환에

좋다고 부연 설명을 해주었다.

L 대표는 먼저 예약을 해왔다. 그는 빽s테라피에서 관리를 받은 후 생생하게 소감을 피력했다. 에너지테라피 관리를 받아보니 잠자던 세포가 살아난 것 같다고 한다. 아픈 곳을 정확히 짚어주고 몸이 가볍고 눈이 맑아진 느낌이다. 새로운 경험이다. 느낌이 너무 좋다. 몸의 흐트러진 부위를 빨리 되돌리고 싶다. 등 찬사를 아끼지 않았다. 주 2회 관리를 받아도 되느냐고 물었고 다음 예약을 약속했다.

다음 날 L 대표가 먼저 연락해 왔다. 어제 음주를 과하게 했음에도 불구하고 에너지테라피 관리를 받아서인지 컨디션이 좋고 눈도 맑다. 운동만 열심히 하면 흐트러진 몸을 기대하는 만큼 되돌릴 수 있을 거로 생각했는데, 원하는 만큼 변화되지 않은 상태다. 에너지테라피는 내 몸의 에너지를 깨우는 건강 회복 프로그램 같다고 말했다.

스트레칭과 운동은 내 몸을 위한 기본이자 필수다. 병원에 가면 의사들이 환자에게 걷기나 스트레칭, 수영을 권한다. 이런 운동은 관절에 무리가 가지 않으면서 에너지 대사량을 높일 수 있기 때문이다.

몸이 아파 움직이지 못하면 근육이 빠른 속도로 빠진다. 근육이 빠지면 골격도 무너진다. 더 위험한 것은 근육이 없으면 큰 질병이 왔을 때 이겨낼 힘이 없어진다. 내 몸의 큰 근육들이 수축 이완을 반복함으로써 전신 순환 작용이 일어난다. 또한 기본적인 스트레칭은 잠자기 전과 아침에 일어날 때 침대에 누운 상태로 가볍게 몇 가지 동작을 꾸준히 하면 자세와 체형이 바르고 유연성을 잃지 않아 많은 질환을 예방할 수 있다. 따라서 처음부터 무리하거나 지나친 힘을 가하는 운동은 피해야 한다.

다행히 요즘 현대인들은 바쁜 가운데도 많은 시간과 비용을 들여 운동한다. 건강의 중요성을 깊이 느끼고 있기 때문일 것이다. 그러나 현대인의 필수품인 핸드폰이나 컴퓨터에 노출되는 시간이 길어지면서 목과 어깨를 많이 구부리게 된다. 이는 거북목과 굽은 어깨의 원인이 된다. 또한 하는 운동이 자기의 몸에 적합한지도 모르는 경우가 많다. 그럼에도 불구하고 기본적인 스트레칭과 가벼운 운동을 꾸준히 한다면 바른 자세를 유지할 수 있고 더불어 노화도 늦출 수 있다.

몸이 아프면 당연히 병원에 가서 진료받고 치료에 우선 임해야 한다. 하지만 탄력을 잃고 뭉치고 유착된 부분이 있다면 전류 충전과 전류 자극을 통해 관리할 수 있는 에너지테라피 관리를 받아보기를 권한다. 운동도 좋지만 주 1회는 몸에 긴장된 곳에 휴식을 취해주는 것이 필요하다.

단 한 번의 에너지테라피 관리를 경험한 L 대표는 내 몸의 단점을 완벽하게 보완해 주는 시스템이라고 극찬을 아끼지 않았다. 건강하고 생명력 넘치는 삶을 원한다면, 젊을 때의 건강하고 아름다웠던 몸으로 되돌리는 빽s테라피의 에너지테라피 관리가 답이다.

그녀의 before & after

한 모임에서 포럼이 끝난 후 식사 장소로 갔다. 내 바로 옆 자리에 처음 보는 아름다운 여성이 다른 지인과 마주 앉아 이야기를 나누고 있었다. 일부러 듣지 않아도 대화 내용이 자연스럽게 들렸다. 그 여성이 다리를 다쳐 몇 달 동안 치료를 받았는데 낫지 않는다고 했다. 너무 아프고 괴롭다는 말도 덧붙였다. 무엇이든 다리가 좋아질 방법과 이 고통에서 벗어날 수 있는 돌파구를 찾고 있다고 했다.

"다리 낫게 해줄 뭐가 없을까요?"

그녀가 대화 상대인 지인에게 하소연하듯 물었다. 옆자리에서 듣고 있던 나는 나도 모르게 그만 그들의 대화에 끼어들었다.

"저희 빽s테라피에서 집중관리 4회 정도 받으면 호전될 수도 있습니다."

내 말에 진정성을 느꼈는지 그녀가 명함을 달라고 했다. 바로 에너지테라피 예약을 잡고 그다음 주에 방문을 약속했다.

"오늘을 얼마나 기다렸는지 몰라요!"

그녀가 해맑게 웃으며 빽s테라피 숍에 왔다. 50대 그녀는 직업상 긴 시간을 같은 자세로 앉아 업무를 보았다. 한 자세로 오랜 시간을 보내면 몸이 흐트러진다. 더구나 심하게 넘어져 다친 상태에서 한 자세로 일하면 몸에 무리가 올 수밖에 없다.

그녀의 몸은 골반이 틀어져서 신체 균형이 흐트러져 있다. 또 우리 몸은 순환하기 위해 길과 길들이 연결되어 있는데 하체 부분의 흐르는 길들이 막혀 순환이 잘 안돼 심하게 뭉쳐 있다. 몸의 근육이 전체적으로 뭉쳐있는 상태였다. 손으로 만져보면 딱딱한 뭉침이 크게 느껴졌다. 피부색도 어두워 보였다.

그녀에게 일주일에 2회 정도 1시간씩 집중케어를 받으면 몸이 빠르게 회복될 것이라고 말했다. 그리고 그녀를 위한 맞춤 관리에 들어갔다. 우선 온열과 에너지를 동시에 몸속까지 깊이 넣어 준다. 땀구멍이 열리고 순환이 잘되면서 독소 배출을 돕기 위해서다. 뭉친 상태가 심하여 단단하게 뭉친 부위는 이완 시켜 주고, 늘어져 이완된 근육은 탄탄하게 살려주는 관리를 했다.

그녀는 에너지테라피 관리를 받으면서 몸이 좋아지자, 만족도가 매우 높았다. 하지만 관리 횟수를 제안하는 대로 받기란 현실적인 어려움이 있었다. 그녀의 시간적인 여건을 고려해 주 1회 1시간 집중케어를 받기로 했다. 그녀는 관리를 받을 때마다 신기하다며 말했다.

"어떻게 제가 아픈 부위를 잘 짚어내고 건드려 주는지 모르 겠어요."

에너지테라피 관리를 통해 몸 컨디션이 호전되고 있음을 느 낀다며 그녀는 매우 만족스러워했다.

"몇 개월이나 치료해도 호전을 보이지 않던 다리가 빽s테라 피에서 몇 번의 관리로 이렇게 좋아질 수 있는지 참으로 놀랍 네요."

그녀는 사람이 죽으란 법은 없다며 다른 사람들이 이곳을 몰라서도 못 오겠다. 이렇게 좋은 곳을 사람들이 많이 알았으 면 좋겠다고 말했다.

그녀가 에너지테라피 관리를 받고 난 후의 모습을 보자.

내가 처음 말했던 것처럼 관리 4회차부터 호전이 보이기 시작했다. 한 달쯤 지나자, 그녀에게서 연락이 왔다. 몸이 완전히 정상으로 돌아가지 않은 상태에서 다른 관리에 미리 지불한 비용이 아까워 받아봤지만, 마음에 들지 않는다. 역시 에너지테라피 관리가 최고라며 에너지테라피 관리를 다시 받기 시작했다. 막힌 다리가 숨 쉬듯 가벼워졌다. 거울을 보니 얼굴빛에 생기가 돈다며 환하게 미소를 지었다.

우리는 살면서 순간의 실수로 몸을 다치거나 상처를 입으면 병원 치료와 재활 치료를 받게 된다. 물론 당연히 해야 하는 치료 과정이지만, 더불어 에너지테라피 관리를 주 1회 정도 받기를 권한다. 몸이 심하게 흐트러진 경우는 주 2회 정도 관리받기를 권하고 싶다. 확연히 회복 속도가 빠르기 때문이다. 무엇보다 에너지테라피의 특징은 마음과 마음이 이어지는 것으로 관리사를 믿는 것도 아주 중요하다.

돈을 잃으면 작은 것을 잃은 것이고, 사람을 잃으면 많은 것을 잃은 것이며, 건강을 잃으면 전부를 잃은 것이라는 말이 있다. 지금부터 건강은 건강할 때 세포 살리go 근육 살리go 면역

력 올리go 건강과 아름다움을 되돌려주는 에너지충전소 빽s
테라피로 go go.

5

에너지테라피스트는 기본에 충실하다

의류업을 하는 S 대표님, 계절이 바뀌어 겨울옷을 정리하고 났더니 어깨와 팔이 무척 아프고 힘들다. 직업상 온종일 서 있어야 하니 허리에 무리가 오고 무릎에 주름도 지고 몸이 점점 무너지는 것 같다며 에너지테라피 관리를 받으러 왔다. 에너지테라피 관리 후 S 대표에게 기본적인 몸의 자세와 스트레칭을 하나씩 알려주고 실천하도록 했다. 그녀는 일주일 동안 반복해서 따라 했더니 확실히 몸이 좋아지는 것을 느낀다고 했다.

나는 고객들에게 늘 강조한다. 잠들기 전과 후 몸에 좋은 자세나 스트레칭을 꾸준히 하는 것이 좋다는 것을. 그렇다고 몸동작이나 스트레칭이 어려운 게 아니다. 아주 기본적인 것들이다. 다만 한두 번 하고 멈추는 게 아니라 지속해서 해야 한다.

우리는 초등학교와 중·고등학교 시절을 거치면서 국민체조와 체력장을 경험했다. 그때는 그게 하기 싫었을 것이다. 한 지인 역시 그 시절 국민체조와 체력장을 할 때마다 "왜 이런 걸 해야 하지?"라고 생각했다고 한다. 나 역시 마찬가지였다. 그런데 지금 생각하니 그것은 성장 과정에 필요한 기초 운동이었다. 오히려 성인이 된 이후에도 국민체조는 체력을 유지하는데 가장 기본이 되는 운동이라고 생각한다. 집을 지을 때 기초공사를 탄탄히 해야 하고, 영어 공부에서도 파닉스가 중요하듯 운동을 배울 때도 숨쉬기 운동부터 몸의 균형을 유지하는 기본자세가 중요하지 않은가.

만약 그 시절 선생님들이 국민체조의 동작 하나하나가 머리, 어깨, 목, 팔, 다리에 이런 영향을 주기 때문에 좋다는 것을 알려주었더라면? 국민체조가 우리 몸의 근육과 뼈 건강, 정신 건강과 뇌에도 영향을 미친다고 말해 주었더라면? 체형도 바르게 되고 학업 성적에도 영향을 미친다고 설명해 주었더라면?

에너지테라피 교육에서도 기본기가 가장 중요하다. 교육생 중에는 기본교육을 완전히 습득하지 않은 상태에 있는 분들이 의외로 많다. 반복과 연습을 충분히 하지 않았기 때문에 기본 테크닉이 부족한 때도 있다. 때로 다른 사람보다 기본교육을 수차례나 더 가르쳐줬음에도 불구하고 내 것으로 만들지 못하는 사람도 있다. 교육 시간에 이해만 하고 연습을 통해 온전히 풀어내지 않았기 때문이다. 어떤 교육이든 내 것으로 체화하기 위해서는 수없이 반복 연습을 통해 기본 실력을 탄탄히 잘 쌓아야 한다. 그런 다음에 중급 교육을 쉽게 습득하고, 전문가 과정인 프로 교육도 잘 받을 수 있게 된다.

에너지테라피스트가 되고 싶은가? 몇 개월, 몇 년 연습하고 실전에 임해 왔다고 해서 다 배웠다고 생각하지 말라. 끊임없이 연습하고 실전에서도 배운다는 마음을 잃지 말아야 한다. 고객마다 몸이 다르고 원하는 게 다양하다. 사례마다 임상을 공부한다는 마음가짐이 필요하다.

프로페셔널한 에너지테라피스트가 되려면 기본기 없이 한순간에 되지 않는다. 수많은 시간, 심지어 잠자는 시간을 줄여 가며 연습에 연습을 거듭해야 한다. 어려운 환경을 이겨내야만 한다. 지금의 빽s테라피가 있기까지 쌓아온 시간이 필요했던 것처럼.

6

빽s테라피의 내공 바디 체크

빽s테라피를 처음 찾아오는 고객은 여러 가지 질문과 대화를 통해 알아가는 시간을 갖는다. 고객의 성향이나 취미까지 체크한다. 예를 들어 신발 뒤꿈치의 닳아진 부분이 안쪽인지 바깥쪽인지 확인하면 평상시 걸음과 자세를 알 수 있다. 고객의 몸을 사진으로 찍어 놓기도 한다. 때에 따라 틀어진 자세로 인해 올 수 있는 불편 사항들을 구체적으로 이야기해 준 뒤 기록해 놓고 꼼꼼하게 관리한다. 일명 바디체크다. 에너지테라피 관리를 몇 회차 받고 난 고객에게 관리받기 전후 비교 사진을 보여주면 변화된 자신의 모습을 보고 빽s테라피의 내공에 놀라기도 한다.

'몰두의 대가'라고 불리는 사업가 K 대표는 사업이든 운동이든 하고자 하는 일이 있으면 망설이지 않고 열정적으로 임한다. 그는 한때 배드민턴 동호회 활동을 하면서 명성이 자자할 만큼 선수 이상으로 이름을 날렸다. 하지만 운동 중 다리를 다쳐서 수술받고 재활 치료를 오랫동안 받아왔다. 그는 예전에 전류테라피를 받아본 경험이 있어 에너지테라피 전문숍인 백s테라피를 찾았다. 먼저 바디체크를 해본 결과 좌우 발목의 유연성과 누웠을 때 발목의 높이가 약간 달랐다. 라운드 숄더와 목이 긴장되어 보였고 몸이 대체로 강직된 상태였다. 어려운 경제 흐름에도 불구하고 그의 사업은 호황이었다. 그러나 모든 일에는 음과 양이 있듯, 그의 사업이 잘되지만, 그의 몸은 힘들어하고 있었다. 과중한 일과 일에서 오는 스트레스로 목과 머리 쪽 순환이 원활하지 않았다.

"와! 원장님, 너무 좋은데요. 쌓인 피로도 제로! 스트레스도 제로 상태가 되었어요. 앞으로 1년은 받아보겠습니다."

그가 에너지테라피 관리를 받고 나서 한 말이다. 에너지테라피스트로서 보람을 느끼는 순간이었다. 이후 K 대표는 매주 1회씩 정기적으로 에너지테라피 관리를 받았다. 관리를 받고 난 후 그의 피드백은 계속 이어졌다.

에너지 충전을 받고 나면 다시 일터로 갈 수 있게 된다. 일주일 동안 열심히 일하다 빽s테라피에서 관리받고 나면 피로와 스트레스가 제로다. 게다가 에너지 충전까지 되니 너무 행복하다. 하는 일이 더 잘 된다.라고 했다.

어느 날 K 대표가 "ZERO MOTORS"라는 현수막 문구를 사진으로 찍어 보내왔다. 중고차 시장에 갔는데 우연히 발견했는데 보자마자 빽s테라피가 떠올랐다고 한다. 빽s테라피를 '피로를 제로화하는 곳'으로 인식하고 있다는 생각에 K 대표에게 참으로 감사했다. 그는 에너지테라피 관리를 받고 나서 건강에 대한 인식도 바뀌었다. 매일 자기의 일에 최선을 다하는 것도 중요하지만, 자기의 몸을 소중히 관리하는 것 또한 아주 필요하다고 강조한다. 자기 몸의 피로와 스트레스를 점검하는 K 대표를 보면서 자신을 사랑할 줄 아는 CEO라는 생각이 들었다. 그는 지금도 운동을 통해 꾸준히 체력 관리를 하는 중에도 에너지테라피 관리를 받으면서 몸에 쌓인 독소 배출과 에너지충전을 통해서 새로운 활력을 얻고 있다.

건강한 삶을 원한다면, 소중한 내 몸을 스스로 살필 줄 알아야 한다. 고른 영양을 섭취하고 지친 몸에 쉼을 주는 노력이 필요하다. 때에 따라서 햇빛을 받으며 자연과 함께하기도 하고 운동을 규칙적으로 해야 한다. 더불어 에너지테라피를 통해 피로와 스트레스를 제거해 준다면 우리 몸은 건강한 에너지로 채워질 것이다.

7

어! 얼굴까지 예뻐졌네

어느 화창한 봄날 저녁, 50대 후반의 여성 한 분이 빽s테라피 문을 열고 들어왔다.

"여기가 뭐 하는 곳이에요? 배너가 특이해서 들어왔어요."

호기심 가득한 얼굴로 숍 내부를 살폈다. 그녀는 일과를 마치고 산책하러 가는 길이었다고 한다. 일단 앉으라고 권한 뒤 자연스럽게 대화를 나누며 에너지테라피에 대해 알려주었다.

우리나라의 주부들 대부분은 가사노동과 육아, 혹은 직장이든 자영업이든 많은 일을 한다. 그 결과 50대가 넘으면 몸 여기저기 아프지 않은 곳이 없다고 한다. 그녀 역시 허리와 팔, 손목이 몇 년 동안 아파서 병원에 다녔다고 한다. 유명하다는 곳이라고 해서 받았다고 한다. 멀리 안면도까지 가서 유명하다는 관리를 받았다. 그런데 안면도의 관리사가 세상을 떠나자 어디 그런 관리하는 곳 없을까? 찾고 있었다고 한다.

그녀는 생선가게를 오랫동안 운영했다. 명태포 뜨는 달인이라 할 정도로 명성을 얻은 분이었다. 반면 손목에 무리가 와서 손가락이 휘고 주먹이 잘 쥐어지지 않을 정도로 관절에 무리가 왔다는 것이다. 얼음과 생선 상자를 옮기며 허리에도 무리가 왔다. 자기 일에 온 힘을 다한 결과였다. 삶의 그런 흔적들을 바라보며 이제는 일이 무서워지기 시작했다는 것이다. 그녀를 어떻게든 도와주고 싶었다. 먼저 생체전류와 에너지 요법에 관해 설명했다. 그녀는 설명을 듣자마자 바로 관리받기를 요청했다. 한 번의 관리로 그녀는 에너지테라피에 대해 매우 만족해하며 지속적인 관리를 약속했다.

어느 날, 한 방송사에서 빽s테라피를 촬영하게 되었다. 그녀를 사례 참여자로 부탁했다. TV 방송인데도 불구하고 오히려 적극적으로 참여 의사를 밝혔다. 그녀는 너무 자연스럽게 촬영에 임했다. 대본 없이도 자신이 경험한 내용으로 리포터와 대화를 끌어나갔다.

"허리와 손목 그리고 팔이 아파서 에너지테라피 관리를 받았는데요. 어! 얼굴까지 예뻐졌네!"

단 한 번에 OK 사인을 받아 촬영을 마무리했다.

이후 그녀는 일하는 게 두려웠는데 일할 수 있도록 몸을 거꾸로 되돌려줘 고맙다며 에너지테라피 추종자가 되었다. 그녀의 생선가게 단골들이 아프다고 하면 바로 말했다.

"병원에서 진단받아 보고, 후 관리는 저기 빽s테라피에 가서 받아봐!"

혹여 돈이 없다고 하면 자신이 돈을 대납하고서라도 에너지테라피 관리를 한번 받도록 한다. 어느 날은 그녀의 남편이 어깨가 다쳤다며 아침 일찍 빽s테라피 숍을 오픈하기 전부터 기다리고 있었다.

"병원 진단은 받고 오셨어요?"

"급한 마음에 달려왔어."

"아무리 급해도 병원에서 먼저 진단을 받아봐야죠."

빽s테라피를 먼저 찾아와 준 그녀의 남편이 고마웠다. 그러나 정확한 진단을 위해서는 병원에 먼저 다녀오라고 권했다. 그녀는 2019년부터 지금까지 빽S테라피 명품 고객으로 가족처럼 지낸다. 살면서 어렵고 힘든 일이 있으면 서로 위로하고 좋은 일은 응원하면서 마음을 나누는 언니 동생 사이가 되었다.

사람들은 생체전류라든가 에너지테라피라는 단어 자체를 생소하게 생각한다. 나 역시도 처음 에너지테라피 사업을 시작할 때 생체전류, 에너지테라피라는 단어가 입에 붙지 않았다. 고객에게 설명하면서도 이 단어가 어색했다. 그러나 한 해 두 해, 몇 년이 지나고 나니 에너지테라피가 오랫동안 먹어온 음식처럼 입에 착 달라붙는다. 열심히 홍보한 덕분으로 나의 지인, 지인의 지인, 그 지인의 또 지인들이 에너지테라피를 알아가고 있다. 얼굴까지 예뻐졌다는 그녀처럼 가까이 있는 이웃부터 에너지테라피를 통해 건강과 아름다움을 지킬 수 있도록 하는 것이 에너지테라피를 적극적으로 알리는 이유이다.

　　대한민국을 넘어 세계 사람들이 에너지테라피를 알게 될 때까지.

고주파는 '가치'다

약으로 고칠 수 없는 환자는 수술로 고치고
수술로 고칠 수 없는 환자는 열로 고친다.

― 의학의 아버지 히포크라테스

온열요법은 의학의 역사에서 가장 오래된 치료법 중 하나
이다. 바로 열 충전기라고 할 수 있다. 몸이 따뜻해지면 면역세
포가 증가한다. 바이러스가 걱정인 요즘 시대에 꼭 맞는 중요한
관리법이라고 생각한다.

몸이 차가우면 신체의 불균형과 혈관이 좁아져 수족냉증과
순환장애를 겪게 된다. 만약 몸 온도를 1℃ 올려주면 몸은 최
상의 상태로 변한다. 즉 우리 몸의 세포는 36.5~37도일 때 활

성화를 띤다고 한다. 반면에 체온이 낮아지면 면역력이 떨어지게 된다. 체온이 1℃ 낮아지면 면역력이 30% 저하되고, 1℃ 올라가면 면역력이 70% 높아진다는 일본의 이토요코 준 교수의 주장이다. 좀 더 전문적인 용어로 말하자면, 심부열을 올려주면 혈류 개선과 신진대사가 원활해진다. 즉 몸이 따뜻해지면 생기는 '열활성 단백질'이 생겨난다. 열활성 단백질이 많아지면 엔도르핀이 많이 분비되고 면역기능을 담당하고 있는 NK세포와 T세포의 수가 증가하게 된다.(출처·네이버 헬스조선) 이렇듯 우리 몸의 온도를 1℃ 올려줄 고마운 기기가 있다. 바로 고주파다.

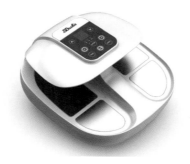

〈BBack's 고주파 기기〉

고주파는 전류를 체내로 통하게 하면 신체 내부의 저항성 조직을 통과하는 과정에서 몸속의 이온 분자를 마찰시켜 열을 발생시키는 것이다. 이렇게 몸의 깊은 곳에서 열을 생성하는 것이 심부열이다. 심부열 발생으로 모세혈관 확장이 일어나고 혈류량이 증가한다. 또한, 신체 방어 기전이 높아지고 혈액순환 촉진 및 신진대사 기능이 활발하게 되어 노폐물 배출, 수족냉증, 피로회복, 면역력 증진에 도움이 된다.

심부열 발생에 의한 모세혈관 혈류량 증가는 휴식 시보다 수 배로 증가한다. 고주파 전류를 체내로 통하게 해 얻어내는 방법이다. 고주파의 전기 에너지가 가해지면서 전류의 방향이 바뀔 때마다 조직을 구성하는 분자들이 진동하면서 회전운동, 뒤틀림, 충돌 운동 등 마찰로 인해 심부열을 발생하기 때문이다.

다른 전류 형태와 달리 감각신경 및 운동신경을 자극하지 않는 고주파 전류는 인체 내 불편함이나 근수축을 일으키지 않으면서 신체 조직의 특정 부위를 가열할 수 있다. 심부열 에너지로 변환된 고주파는 신체 내부의 온도를 상승시켜 세포 기능을 높여 주고 혈류량을 증가시키는 등의 역할을 한다.

빽s테라피의 본질은 에너지테라피다. 에너지테라피스트로서 나는 작년부터 빽s에 에너지테라피와 융합할 수 있는 딱 한 가지를 끊임없이 찾고 있었다. 빽s테라피를 운영하는 사업 아이템을 찾고 확장하기 위함이었다. 먼저 사업가로서 경영 마인드를 장착하고 배경지식을 넓히기 위해 데일 카네기 전북지사장으로부터 책을 통한 경영 코치 수업을 꾸준히 받아왔다. 현재의 사업에 플러스할 아이템이 무엇일까? 코칭을 받으면서 끊임없이 고민하던 중 드디어 딱 한 가지를 찾았다. 에너지테라피를 시작할 때 직접 사용해 보고 접해왔던 것. 바로 고주파다. 몇 년 전 사업상 어려운 상황으로 몰리지 않았더라면, 코로나19로 전 세계가 두려움에 떨 때 고주파로 면역력을 높여 사람들의 건강을 플러스해 줄 수 있다고 생각했던 아이템이었다.

그때 한 회사의 고주파 기기를 구매하여 직접 사용해 보고 고객들에게 서비스해 주었다.

"원장님 이게 뭐예요?"

빽s의 오랜 S VIP 고객이 물었다.

"우리 몸속 체온을 1℃ 올려주고 면역력을 강화해 주는 기기예요."

S 고객은 고주파 사용이 처음이었다. 그가 30분 가까이 사용했을 때 말했다.

"어머! 내가 안 좋았던 허리와 위에 통증이 느껴져요. 원장님 이거 얼마예요? 당장 구매할래요."

또 다른 고객은 좌측 어깨가 무척 아파서 고생하던 중 에너지테라피를 소개받았다는 부동산 J 대표다.

"며칠 전부터 어깨가 너무 아파요. 지금 모임 중인데 에너지테라피 관리를 받고 싶어요. 지금 가면 안 될까요?"

일과 시간이 끝나긴 했지만, 아픔을 호소하는 간절한 목소리에 마음이 흔들렸다.

그녀는 빽s테라피에 처음 방문했다. 차를 마시며 대화와 소통의 시간을 가지면서 고주파로 몸속 심부열을 올려주었다. 20분 정도 지났을 때, "어머! 왼쪽 어깨 아픈 것이 사라졌네!"라며 놀라워했다.

에너지테라피를 정기적으로 받는 C 고객 역시 고주파를 예찬했다.

"원장님 고주파를 매일 30분 사용했는데 하체 부종이 사라졌어요. 야! 이거 신통방통한 아이네."

이렇듯 여러 고객의 고주파에 대한 긍정적인 피드백과 좋아지는 결과 사례들이 이어지면서 고주파가 내게 커다란 존재감으로 자리했다. 더불어 경영 코치 수업을 지속하면서 2025년 빽s 테라피의 사업 목표를 명확히 찾은 것이다. 바로 '에너지테라피 플러스 고주파'다. 그동안 유길문 지사장으로부터 시와 그림, 독서토론, 인문학과 심리학, 자기개발서 등을 통해 경영 코치 수업을 받으면서 고민한 결과라고 할 수 있다.

또한, NLP 멘탈 마인드 코칭 강의를 통해 목표가 더 분명하고 명확해졌다. 그리고 선언했다.

"나는 고주파로 대한민국을 흔들어 버리겠다."

이후 인천의 고주파 기기 제조회사 대표를 만나기로 했다. 미팅 날이 다가왔다. 나는 설렘과 에너지 가득한 모습으로 대화의 문을 열었다.

"저의 2025년 목표는 고주파 기기 1천 대 판매입니다."

나의 명확하고 당찬 모습에 회사 대표는 웃으며 말했다.

"기존 고주파에서 새롭게 전류 모드를 장착한 신제품을 개발 중입니다. 예전 해외에서 어떤 사업가가 간절하게 요청한 적이 있어 기회를 주었는데, 그분이 성공 사례가 되었어요. 빽s 대표님에게도 기회를 주고 싶네요." 라고 했다.

듣는 순간 감사와 감동의 눈물이 났다. 조건 없이 이런 기회를 주다니! 그분의 선택이 옳았다는 것을 보여주겠다는 강한 의지와 신념이 솟구쳤다.

고주파 기기를 판매하는 것만이 목표는 아니다. '에너지테라피 플러스 고주파'로 빽s테라피를 찾는 고객들에게 더욱 건강한 몸을 되돌려주는 것이 내 사업의 가치다. 고주파로 고객들의 심부열을 올려 몸의 온도를 1℃ 올려줌으로써 인체의 자연치유를 유도하고 면역력을 높여 주는 것이다.

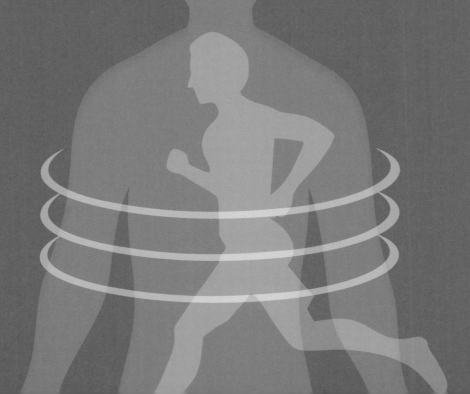

제3장
빽s테라피의 경영 철학

1

빽S테라피 사명 선언문

"우리는 고객들에게 건강과 아름다움을 되돌려주는
행복한 에너지테라피를 추구한다."

빽S테라피의 사명 선언문이다. 사명 선언문은 빽S테라피의
철학이고 방향이다. 매일아침 사명 선언문의 의미를 생각하면
서 뚫어지게 바라보고 큰소리로 외친다. 길을 걷다가, 산책할
때, 여행할 때도 빽S테라피의 사명 선언문을 늘 생각하고 마음
에 새긴다. 그러는 동안 나의 의식은 에너지테라피로 넘치고 빽
S테라피를 찾는 고객의 건강과 아름다움을 위해 기꺼이 나의
모든 에너지를 쏟아야겠다는 각오를 하게 된다.

지난 7월, 오른쪽 손가락 중지와 약지가 구부러지지 않고 통증도 있어서 힘들다는 고객 P 대표는 6개월 동안 아무런 치료도 받지 않고 고생만 했다. 이분이 빽s테라피에서 어깨와 팔 부위를 5회 에너지테라피 관리를 받고 난 후 손이 자연스럽게 구부러지는 등 손가락이 정상에 가깝게 돌아왔다. 그뿐만 아니라 박 대표는 뒤태가 아름다워지고 얼굴 목선도 예뻐졌다며 에너지테라피 관리를 받으니 몸매도 달라진다고 놀라워했다.

그 다음 예약일이었다. 그녀가 힘차게 빽s테라피 현관문을 열고 들어오면서 기쁨에 들뜬 목소리로 말했다.

"원장님! 주먹이 쥐어지지 않던 제 손이 이렇게 구부려졌어요!"

그녀는 주먹을 오므렸다 폈다를 여러 번 반복했다.

"어머 축하드려요! 정말 축하드립니다. 좋아질 거라는 확신을 해서 빠르게 결과를 가져온 것 같아요."

나도 기뻐서 에너지 넘치는 목소리로 화답했다. 물론 나도 고객의 아픔과 간절한 마음을 알기에 고객이 이전과 같은 건강한 몸으로 되돌아갈 수 있도록 정성을 다해 에너지를 충전하고 자극해 주었다. 에너지테라피 관리 몇 회차를 받았을 뿐인데 고객의 몸이 예뻐지고, 건강한 상태로 되돌아오는 것을 보면서 에너지테라피스트로서 보람을 느낀다.

나의 하루는 일어나자마자 빽s테라피 사명 선언문을 낭독하면서 시작한다.

"우리는 고객들에게 건강과 아름다움을 되돌려주는 행복한 에너지테라피를 추구한다"
"우리는 고객들에게 건강과 아름다움을 되돌려주는 행복한 에너지테라피를 추구한다"
"우리는 고객들에게 건강과 아름다움을 되돌려주는 행복한 에너지테라피를 추구한다"
이렇게 3번 이상 이렇게 외치다 보면 열정과 에너지가 샘솟는다. 이것이 바로 사명 선언문의 힘이다. 빽s테라피를 운영하는 데 비전과 가치를 명확히 하고 사명 선언문의 내용을 지속적으로 상기하며 행동으로 옮기도록 돕는다. 따라서 사명 선언문은 단순한 문장 읽기가 아니다. 사명 선언문을 낭독하는 방법은 다음과 같다.

첫째, 정기적으로 낭독한다. 즉 매일 아침 일어나자마자 낭독한다. 그리고 걷거나 여행 중 시간이 날 때마다 낭독한다.

둘째, 감정을 담는다. 단순히 읽기만 하는 것이 아니라 진심을 담아 목소리에 열정을 실어 낭독한다.

셋째, 시각화한다. 목표를 이루는 나 자신을 상상하면서 낭독한다.

이렇게 함으로써 빽s테라피가 나아갈 방향을 잃지 않고 빽s테라피의 경영철학을 실천할 수 있다. 더불어 나의 삶에도 놀라운 변화를 가져올 것이라고 믿는다.

ㄹ

빽s테라피의 자산은 성실과 신뢰

빽s테라피를 시작하면서 창업자에게 필요한 자산은 무엇일까? 고민해 보았다. 일반적으로 다음과 같은 요소들이 떠올랐다.

- 새로운 가치를 창출할 수 있는 명확한 비전과 아이디어
- 시장에 대한 깊은 지식과 전문성
- 열정과 끈기
- 투자자, 멘토, 파트너, 고객 등 네트워크
- 초기 창업비용, 운영자금, 마케팅 예산 등 재정적 자금
- 예상치 못한 문제를 파악하고 해결할 수 있는 문제 해결 능력
- 시장에 대한 이해와 고객 중심 사고

그러나 내가 중점을 둔 자산은 바로 성실과 신뢰다. 위에 열거한 요소들은 모두 창업자의 성실과 신뢰라는 바탕 위에서 가능하기 때문이다. 중국 "알리바바" 창업자 마윈도 비즈니스 세계에서 인간관계의 첫 번째 원칙으로 성실과 신용을 꼽았다. 그는 입버릇처럼 말했다. "비즈니스 관계에서 가장 중요한 건 돈이 아니라 신용이다."라고.

알리바바는 2014년 뉴욕증시에 상장되며 주가 총액이 아마존을 뛰어넘는 거대한 회사로 자리매김한다. 그러나 그의 성공은 순탄하지 않았다. 그의 창업 여정을 생생하게 들려주는 책, 까오페이의 《마윈의 성공철학》에서 "비즈니스의 세계는 무척 복잡한 관계의 집합체다. 하지만 아무리 복잡한 관계라도 성실과 신용으로 무장한 사람에겐 겁날 것이 없다."라고 마윈의 경영철학을 말했다. 그의 차별화된 기업 철학이 마치 빽s테라피를 시작하는 나의 마음을 100퍼센트 대변하는 것 같아 문장을 읽고 또 읽었다.

변화의 시작은 우연한 만남에서 시작한다고 한다. 나는 오랫동안 몇 군데에서 직장생활을 했다. 가는 곳마다 꾀부리지 않고 성실한 마음 자세로 모든 업무를 내 일처럼 열심히 했다. 그 결과 직장에 좋은 성과를 가져왔다. 오너에게 항상 믿음을 주었고 성실한 사람이라고 인정받았다.

직장생활에 마침표를 찍고 에너지테라피 업계에 입문해서도 누구보다 성실하게 임했다. 뺙s테라피를 오픈하고 일궈 나가면서 에너지테라피 교육과 홍보를 늘 처음처럼 한결같은 마음으로 해냈다. 그 성실함이 통했는지 더풋샵 회장으로부터 에너지테라피 교육을 맡기고 싶다는 제안이 들어왔다. 두 팀장과 상의 후 해리 팀장이 전담으로 교육하기로 했다.

뺙s테라피의 해리 팀장이 뉴가닉과 더풋샵 에너지테라피 교육팀장을 맡았다. 또한 뉴가닉의 고급 에너지테라피 숍 창업에 일익을 담당했다. 나는 그동안 고생한 보람을 발판 삼아 뺙s테라피가 안정적으로 자리를 잡고 에너지테라피 사업을 맘껏 펼쳐 나갈 것이라는 핑크빛 꿈을 꾸었다. 하지만, 모든 일은 계획대로 이루어지지 않는 법. 우리는 한 업체와 몇몇 사람들로 인해 예기치 못한 어려움을 당했다. 몇 년 동안 어려움을 겪으면서도 서로 원망하지 않고 침묵으로 아픔을 이겨내야만 했다. 그게 그동안 쌓아온 우리의 성실과 신뢰를 유지하는 일이라고 생각했다.

더풋샵 회장은 뺙s테라피가 잘 달리다가 힘든 과정을 걷고 있는 것을 누구보다 잘 알고 있었다.

"혹시라도 다시 그 회사(한 업체)와 일하려는 마음이 있는 건 아닐까요?"

나와 해리 팀장은 단호하게 말했다.

"굶는 한이 있어도 비뚤어진 마인드와 신뢰를 줄 수 없는 사람들과는 일하고 싶은 마음이 추호도 없습니다."

친구 사이든 사업 파트너 사이든 관계가 좋을 때는 함께 하기가 쉬운 법이다. 그러나 어려움을 겪을 때 상대의 태도에 따라 진심을 알아본다는 말이 있다. 힘든 일을 당했을 때 외면하지 않고 옆에 있어 주기만 해도 큰 힘이 된다. 그게 바로 믿음이고 신뢰다.

나의 현재 상황은 아직도 어렵고 힘든 상황이다. 하지만, 지금 함께 일하는 사람들과 서로를 믿고 신뢰하는 마음이 큰 자산이라고 생각한다. 그래서 내 마음은 부자다. 작은 일에 정성을 쏟고 성실하게 임하는 것이 신뢰의 초석이 된다. 믿음이 없이는 아무것도 할 수 없다. 누가 나에게 당신의 자산 1순위는 무엇인가요? 묻는다면 나는 자신 있게 대답할 수 있다. '성실과 신뢰'라고.

단 한 사람의 고객도 소중히

방문객

정현종

사람이 온다는 건
실은 어마어마한 일이다.
그는
그의 과거와
현재와
그의 미래와 함께 오기 때문이다.
한 사람의 일생이 오기 때문이다.

부서지기 쉬운

그래서 부서지기도 했을

마음이 오는 것이다.

그 갈피를

아마 바람은 더듬어 볼 수 있을

마음,

내 마음이 그런 바람을 흉내 낸다면

필경 환대가 될 것이다.

정현종 시인의 《방문객》처럼 사람의 소중함을 표현하는 내용은 없을 것이다.

시를 읽다가 빽s테라피 숍을 찾아오는 단 한 명의 고객도 소중히 하라는 영감을 받았다. 길다면 길고 짧다면 짧은 인생 길에서 다양한 사람들을 만난다. 그 한 사람 한 사람이 다 내게 온다는 것 자체가 특별하지 않을 수 없다. 시인의 말처럼 참으로 어마어마한 일이 아닐 수 없다. 그 한 사람으로 인해 내 인생이 좌지우지할 수 있기 때문이다. 그 한 사람으로 인해 내 앞에 가로막힌 벽이 무너질 수도 있다. 가야 할 방향을 잃었을 때 나침반 역할을 해줄 수도 있다. 힘들고 지쳐있을 때 다시 일어설 에너지를 불어넣어 주기도 한다. 반면 그 한 사람으로 인해 어둡고 깜깜한 암흑으로 빠져들 수도 있다.

최근 빽s테라피의 새로운 컨텐츠를 고민하고 있을 때 평소 멘토가 되어준 지인과 상의했다. 지인 본인은 그 분야의 전문가가 아니니 사업 경험이 많고 성과를 이뤄낸 훌륭한 분을 소개해 주겠다고 했다. 다음 날 함께 만나서 상의하는 자리를 갖게 되었다. 그분은 내가 고민하는 부분에 대해 명확한 답을 단 한 번에 제시해 주었다. 고민에서 벗어나게 되었다. 참으로 탁월한 통찰을 지닌 분이라는 생각이 들었다. 그 일이 계기가 되어 그분은 빽s테라피에 대해 자세히 알게 되었고, 에너지테라피 관리를 받는 명품 고객이 되었다. 그분은 냉철한 판단력이 있으면서 정 많고 따뜻한 마음을 소유한 진정한 리더였다. 누가 어려움을 당하거나 힘든 상황이 생기면 발 벗고 나서서 도와주는 보기 드문 CEO다.

반면에 몇 년 전 빽s테라피에 어둠을 가져다준 에너지테라피 교육생 한 사람이 있었다. 그 탁한 마음을 알아차리지 못하고 무시한 결과였다. 리더라면, 사업체를 경영하는 CEO라면 선한 마음과 그렇지 않은 마음을 알아차리는 통찰력을 가져야 한다. 귀인이 될 고객과 그렇지 않은 고객을 구분하는 능력이 필요하다.

돌아보니 소홀한 고객 관리로 인해 귀한 고객을 놓친 일이 많았다. 한 사람의 고객 뒤에 어마어마한 고객이 존재하고 있었던 것을 알아차리지 못한 것이다. 고객의 요구에 의해 에너지 테라피 관리를 해주는 것으로 끝나는 것이 아니라 사후 고객 관리가 더 중요하다는 사실을 간과한 것이다.

열 사람도 중요하지만, 그 한 사람 한 사람이 진짜 소중한 사람이다. 단 한 사람의 고객도 소중히 하는 것. 그게 바로 빽s 테라피가 지속해서 성장할 수 있는 경영철학의 기본이다.

고객을 기쁘게 하기

근자열 원자래(近者悅 遠者來)

(가까이 있는 사람을 기쁘게 하면 멀리 있는 사람도 찾아온다.)

공자의 논어에 나오는 대목이다. 고전 한 마디는 늘 통찰을 준다. 가까이 있는 사람도 기쁘게 하지 못하는데 어떻게 멀리 있는 사람이 찾아오겠는가. 지극히 당연한 진리이지만, 고전에서 건진 한마디에 눈앞이 환해진다.

나는 사람을 좋아한다. 직업상 많은 사람을 만나 함께 일하고 여러 모임에서 사람들과 함께 가치 있는 일들을 나눈다. 모두 한 길을 같이 가는 사람들이다. 그 사람들이 좋다. 겉모습으로 사람을 판단할 수는 없지만, 나태주 시인은 시로 답을 말하고 있다.

"자세히 보아야 예쁘다. / 오래 보아야 사랑스럽다. /
너도 그렇다.

나도 사람을 자세히 보려고 노력한다. 내가 먼저 다가가서 친해지려고 행동한다. 상대방의 관심사에 관해 이야기하고 상대의 이야기를 많이 듣는다. 이렇게 하니 인간관계를 잘하게 된다. 때로 사람들이 나를 찾아와 이야기를 나누고 싶어 한다. 주변 사람들과 친하게 지내니 멀리 있는 사람도 나를 찾곤 한다.

내가 하는 에너지테라피는 전문적인 기술이 있어야 한다. 고객을 상대하기 때문에 기본적인 성품도 뒷받침되어야 사업을 성공적으로 끌어나갈 수 있다. 요즘 나의 주변과 사업장에 사람들이 부쩍 북적인다. 고객 예약도 늘어나고, 에너지테라피 관련 일을 하고 싶다고 문의하는 사람도 많다. 몇 사람은 멀리서 찾아와 도움을 청하고 있다. 분명 그들이 사는 지역에 에너지테라피 일을 하는 분들이 있음에도 나를 찾아오니 감사할 따름이다. 그래서 더 마음을 다해 가르쳐주려고 노력한다. 내

가 가진 기술을 주변의 선한 사람들이 많이 배워서 사람들을
건강하게 할 수 있다면 더 무슨 바람이 있겠는가?

나는 선함을 추구한다. 선한 사람이 되고 싶다. 영적으로
정신적으로 전문적으로 주변 사람들에게 선한 영향력을 펼치
고 싶다. 지금 사업과 사회 각 분야의 사람들과 함께 각각의 가
치 있는 일에 집중하고 몰입하는 이유는 나의 선함을 사람들
에게 전파하고 싶기 때문이다.

사람은 누구나 선한 마음을 갖고 있다. 그러나 선함이 그
사람의 본성 뒤로 감춰지는 경우가 있다. 감정 표현이 부족해
서일 것이다. 눈앞의 이익에 그만 눈이 멀어서일 것이다. 사람
의 내면을 보는 혜안이 부족해서일 것이다. 이해보다 오해가 앞
서서일 것이다.

"사랑하면 알게 되고 알게 되면 보이나니 그때 보이는
것은 전과 같지 않더라"

이 말은 조선 시대 유학자 유한준이 한 말을 유홍준 교수가
《나의 문화유산 답사기》에서 인용하여 대중들 사이에서 애용
되고 있다. 사람이든 사물이든 어떤 대상을 사랑하면 이전과

는 다르게 보인다는 말이다. 이는 새로움을 발견했다는 기쁨을 동반한다. 달리 해석하면 사랑받는 대상이 인정받는다는 의미이기도 하다. 이때 사랑하는 주체도 행복하겠지만, 사랑받는 대상 또한 얼마나 기쁘겠는가. 사랑의 기쁨보다 더한 기쁨이 있겠는가.

선한 영향력을 펼치는 것은 결국 상대를 기쁘게 하는 일이다. 하여 빽s테라피 고객을 항상 기쁘게 하려면 어떻게 해야 할까. 생각해 본다. 고객을 자세히 보고 고객에게 더 귀 기울이며 고객이 원하는 바를 미리 알아준다. 고객에게 먼저 다가가서 인사하고 고객도 모르는 장점을 발견하여 칭찬한다. 항상 고객을 배려하고 진심으로 응대한다. 고객이 기뻐할 때까지.

5

고객에게 집중하기

시너지를 내려면 집중을 요한다. 시너지를 내려면 일정 기간 몰입을 해야 한다. 힘들다고 자꾸 이곳저곳을 기웃거리지 말아야 한다. 어린 시절 신문을 돋보기로 태워 본 경험이 있을 것이다. 한 곳을 응시하다 보면 손이 저리고 힘들어진다. 그러면 돋보기를 내렸다가 다시 들기도 하고 한 곳에서 다른 곳으로 이동해 보기도 한다. 그러나 이렇게 리듬이 끊기고 중간에 멈춤이 반복되면 절대로 신문지는 타지 않는다. 한 곳을 정하고 지속적으로 뚫어지게 응시할 때 비로소 표적이 된 신문지는 타게 되는 것이다.

유길문의 《더 시너지》에 있는 내용이다. 시너지를 내려면 돋보기로 신문을 태우듯이 한곳에 집중해야 한다는 말이다. 시선을 분산시키면 아무것도 제대로 보지 못한다. 한 곳을 뚫어지게 바라볼 때 비로소 그 겉면은 물론이고 안쪽까지 볼 수 있다는 것이다. 무슨 일에서건 집중과 몰입의 힘을 잘 나타내는 말이다.

우연히 치과 병원에 근무한 경험이 있다. 잘 알고 있는 치과 원장님으로부터 갑자기 연락이 왔다. 공교롭게도 세 명의 직원이 동시에 그만두게 되어 내 도움이 꼭 필요하다는 것이다. 나는 치위생사 전공을 하지 않았다. 치과 관련 전문 용어도 몰랐고 모든 게 생소했다. 그럼에도 평소 존경하는 훌륭한 원장님의 부탁이라 조금이라도 도움이 되어주고 싶었다. 하지만 치과 일이 너무 어려웠고 크고 작은 치과 기구들이 보기만 해도 높은 벽으로 느껴졌다.

그럼에도 나는 도전하기 시작했다. 손바닥만 한 수첩에 기구들을 하나하나 그림으로 그려 외우기 시작했다. 점심시간에는 쉴 틈 없이 치과 업무 매뉴얼을 만들기 위해 스켈링, 석션, 라미네이트, 레진, 크라운 등 순서를 알기 쉽게 사진을 곁들여서 내용을 체계적으로 정리하기 시작했다. 그러다 보니 내 실력도 점점 향상되어 팀장, 실장으로 승진하여 치과에 꼭 필요한 존재가 되었다.

"백 실장! 우리 나이 들어서 치과 문 닫을 때까지 함께 일하자! 오케이?"

만면에 미소를 머금고 말하던 원장님의 모습이 지금도 생생하다. 당시 나는 오직 치과 일에 집중했다. 점점 일에 대한 자신감이 생겼고 고객과의 집중 상담을 통해 고객도 늘어나기 시작했다. 더불어 병원은 매출 상승곡선을 그렸다. 물론 원장님도 무척 흐뭇 해하셨다. 나 역시 고객들에게 진심으로 정성 들여 맞춤 서비스를 제공했다. 병원의 서비스에 만족한 고객들은 지인을 소개하고 그 지인이 또 다른 사람을 소개했다. 나는 어느덧 스켈링 분야의 전문가가 되어 있었다. 고객들은 내게 대한민국 최고라고 치켜세웠다. 스켈링이 부담되는 고객들에게는 잇몸 케어를 통해 관리해 주었다. 이 또한 고객들에게 구강 관리 측면에서 만족도 향상으로 이어졌다.

나는 지금도 치과 병원에서 일한 경험을 잊을 수 없다. 치과 업무에 문외한이었지만 내가 할 수 있는 작은 일부터 시작해서 전문적인 일까지 섭렵하여 고객을 늘리고 병원 매출을 올리는 선순환구조를 만들어 낸 것이다. 모든 일이 생소하고 힘들었지만, 치과 업무를 익히는 데 집중했다. 오직 하나의 일에만 몰입했다. 어렵다고 뒤로 물러나지 않고 온몸으로 부딪쳐서 생소함을 익숙함으로 만들어 냈다. 누구나 처음 접하는 일은 낯설고 힘들다. 그럴수록 정면으로 부딪쳐야 한다. 벽을 넘다가 멈추거나 포기하지 않고 계속 넘다 보면 어느새 새로운 국면을 만나게 될 것이다.

나는 치과 병원에 근무했던 일에 긍지를 가지고 있다. 그 일은 내가 에너지테라피 사업을 하는 데 있어서 몸에 스며들고 각인된 일에 대한 열정과 서비스 정신을 발휘할 수 있는 기본이 되었다. 고객의 건강과 아름다움을 관리하는 최고의 에너지테라피스트가 되기까지 오직 에너지테라피를 배우고 익히는 데 내 삶의 초점을 맞췄다. 그리고 지금 빽s테라피 숍을 경영하면서 오직 고객에게 집중한다. 고객이 만족할 때까지.

6

겸손을 무기로 장착하기

"가장 부드러운 것이 가장 단단한 것을 이긴다. 바다가
모든 물줄기의 왕인 까닭은 스스로를 낮추기 때문이다.
겸손은 바다에게 그 힘을 준다."

웨인 다이어의 《서양이 동양에게 삶을 묻다》를 읽다가 발견
한 문장으로 깊이 공감했다. 문장을 여러 번 읽으면서 물을 생
각해 보았다. 물은 항상 낮은 곳으로 흐르면서도 거침이 없다.
나무가 있어도 바위가 있어도 그냥 부딪치지 않고 계속 낮은 곳
으로 흐르는 것이 물의 속성이다. 부드러운 것 같지만 가장 강
하다는 뜻이다.

노자의 도덕경에 나오는 "상선약수"도 비슷한 의미다. 최고

의 선은 물과 같다는 뜻으로 해석한다. 물이 가장 낮은 곳으로 흐르고, 모든 것을 포용하며 유연하고 부드럽게 대하는 특성이 있다는 것을 강조하는 문구다. 즉 겸손과 유연성을 가지고 물처럼 순응하는 삶을 살라는 노자의 가르침이다.

문장을 읽으며 생각했다. 나는 어떠한가? 나는 어떤 삶을 살 것인가? 사실 나는 주변 사람들로부터 겸손하다는 칭찬을 많이 받고 있다. 이는 분명 내가 가진 장점이다. 겸손이라는 장점을 살려 빽s테라피를 성공적으로 이끌어갈 철학적 기반으로 삼아야겠다는 생각이 들었다. 그래서 정했다.

"항상 낮은 자세로 주변 사람들을 빛나게 해주는 것을 모토로 삼자."

코로나 이후 사업자들은 대부분 힘들다고 하소연한다. 사업이 지지부진한 이유를 함께 일하는 직원에게서 찾기도 하고 거래처 탓도 한다. 그러나 나는 환경을 탓하지 않는다. 함께 일하는 사람들과 주변 지인들에게 늘 고마운 마음을 가진다. 아마 하늘나라에 계신 아빠를 닮았나 보다. 아빠는 항상 주변 사람들에게 따뜻하게 대하고 당신이 가진 것을 나누는 삶을 사셨다. 한마디로 겸손의 달인이었다. 나서는 것을 싫어하고 본인이 한 일도 가족이나 지인에게 공을 돌렸다. 한마디로 아빠의 삶의 무기는 겸손이었다고 해도 과언이 아니다.

활동하고 있는 '비즈니스 세계에 하나님 나라가 임한다'는 기독 실업인 대표들이 일터 사역을 통해 주님의 사명을 감당하는 CBMC(Connecting Business and Marketplace to Christ) 모임의 차기 회장님께서 내게 2024년 전주지회 서기 제안을 했다. 그러나 임원이라는 중책을 맡을 수 있는 상황이 아니었다. 빽s테라피 운영으로 눈코 뜰 새 없이 바쁘기도 했지만, 한 기기 회사로 인해 받은 충격이 아직 아물지 않았기 때문이다. 그렇지만 차기 회장님은 나에게 진심으로 요청했다. 나와 함께 1년 동안 잘 해내고 싶다고.

개인의 일이 아닌 섬김과 헌신으로 임해야만 하는 일이었다. 이 일이 어떤 사람에게는 쉬운 일일 수도 있지만, 모임에 입회한 지 얼마 안 된 내게는 용기가 필요한 일이었다. 고민 끝에 마음속으로 다짐했다.

'사람을 섬기는 마음으로 노력해 보는 거야.'

그리고 그 일을 받아들였다.

매주 수요일 새벽 6시 모임이 있는 날, CBMC 전주지회 임

원들은 30분 일찍 모여 준비하며 기도로 문을 연다. 그때마다 옆에서 적극 도와주신 분들 덕분에 내가 맡은 일을 잘 해낼 수 있었다. 그 일은 사람에 대해 섬김과 헌신을 훈련하는 시간이 었다. 평소 겸손한 태도를 장점으로 갖고 있음에도 불구하고 순간순간 나를 내려놓아야 했다. 결국 나는 겸손이라는 무기를 더욱 굳건하게 장착하게 되었다.

'가장 부드러운 것이 가장 단단한 것을 이긴다.'는 문장을 다시 되새겨 보았다. 인간관계에서 겸손만큼 부드럽고 유연한 키워드가 있을까. 어린 시절 아빠는 나의 우상이었다. 아빠를 보면서 겸손을 배우고 몸으로 체화했다. 성인이 되어서는 신앙생활을 하면서 섬김과 헌신을 실천하고 있다. 이런 삶의 가치는 빽s테라피를 이끌어가는 기본 바탕이 되었다. 겸손을 무기로 장착하고 있는 한 빽s테라피는 많은 고객에게 사랑받을 것이라고 확신한다.

〈2023 CBMC 세계대회 전주지회 참여〉

시스템 만들기

시스템과 매뉴얼만 제대로 갖추면 어떤 조직이든 기본 점수는 딴다. 하지만 아무리 좋은 시스템이라도 결국 사람이 운영하는 것이고, 치밀한 매뉴얼도 사람이 따르지 않으면 의미가 없다. 시스템과 매뉴얼을 사람과 결합하는 것이 바로 리더십이다.

빽s테라피 숍을 오픈한 후 초기에 무척 힘들었다. 에너지테라피에 관한 지식도 부족했고 경험도 없었기 때문이다. 그렇지만 몸에 대해 공부하고 에너지테라피에 집중하다 보니 조금씩 지식과 경험이 쌓이면서 노하우도 생기기 시작했다. 그때 섬광처럼 눈에 확 들어온 것이 김경준의 《위대한 기업, 로마에서 배운다》에 있는 위 문장이었다. 시스템과 매뉴얼을 제대로 갖추기만 해도 기본 점수는 딴다는 말은 어둠 속을 걷다가 만난 등불과 같았다.

'그래! 맞다. 아직은 부족해도 지금까지의 경험과 노하우를 담은 매뉴얼을 한번 만들어 보는 거야!'

새로운 깨달음이었다. 이처럼 책은 우리가 미처 인식하지 못하는 통찰을 준다. 또 생각지 못했던 영감이 떠오르기도 한다. 그래서 CEO는 늘 책을 가까이하고 읽어야 한다는 것을 새삼 느낀다.

빽s테라피에서 에너지테라피 교육을 받고 싶어 하는 피부 관리숍 원장들이 찾아오기 시작했다. 교육이 반복되면서 매뉴얼이 필요했다. 매뉴얼은 빽s테라피의 지속적인 발전에 고무적인 일이라고 생각하여 에너지테라피 교육 시스템을 만들었다. 주 1회, 4주 교육에 80만 원을 기본교육으로 정하고 충실하게 교육에 임했다. 그 결과 빽s테라피가 탄탄하게 자리 잡을 수 있는 계기가 되었다. 기본교육을 다 마치면 무료 스터디를 통해 피드백하는 시간도 마련했다. 이처럼 빽s테라피가 한 단계 한 단계 성장할 수 있도록 시스템을 만들어 갔다.

그러던 어느 순간, 에너지테라피 기기 업체에서 기본교육 비용을 없애고 기기를 구매한 사람에게 무료 교육을 하도록 제도화했다. 교육비용을 내고 교육받을 때의 사람들과 무료 교육을 받는 사람들의 교육에 임하는 태도는 조금 차이가 있었다. 하지만 나와 두 팀장은 교육비가 없어도 기기를 구매한 사람들에게 흔들림 없이 교육을 해줬다. 전국 어디든 하루 왕복 5시간이 넘게 소요되는 지역이라도 달려가 기본교육을 충실히 해주었다. 비행기 타고 제주도까지 가서 교육하기도 했다. 그리고 부족한 부분은 빽s테라피 무료 스터디를 이용하게 했다.

기본교육 시스템을 꾸준히 한 결과 빽s 요법은 입소문이 나면서 자연스럽게 홍보가 되어 전국에 꾸준히 알려지게 되었다. 교육비를 받든 안 받든 어떠한 상황에서도 꾸준하게 에너지테라피 교육 시스템을 도입하여 시행해 왔던 것이 우리가 성장할 수 있는 계기가 되었다고 생각한다. 그리고 시스템과 매뉴얼을 잘 활용하고 사람들과의 관계도 중요하게 생각했던 것이 좋은 결과를 가져왔다.

〈교육생들에게 에너지테라피를 직접 시연하며 교육한다〉

　무슨 일에서건 기본교육은 가장 기초이며 밑거름이고 시작이다. 집을 지을 때도 기초 공사가 탄탄해야 쉽게 무너지지 않는다. 에너지테라피 기본 매뉴얼 교육을 탄탄하게 받은 교육생들은 에너지테라피에 대한 전문성을 가지고 꾸준히 일을 해 나간다. 테크닉 면에서도 수준이 높아 고객들로부터 칭찬을 많이 받는다. 하지만 기초가 탄탄하지 않은 교육생들은 기술적으로 전문성이 뒤떨어질 수밖에 없다.

로마가 번창할 수 있었던 것은 시스템의 힘이라고 말한다. 빽s테라피를 탄탄하게 운영할 수 있었던 비결 역시 교육 매뉴얼을 시스템화한 덕분이라고 생각한다. 에너지테라피 교육 시스템을 만들었기 때문에 교육 일정이 달라도 교육생들은 똑같은 교육을 받을 수 있고 에너지테라피 기술을 향상할 수 있었다. 이는 교육생 개인의 성장은 물론 빽s테라피의 지속적인 성장과 발전에도 디딤돌 역할을 하게 될 것이다.

본받기로 탁월해지기

내가 보기에 본받기는 탁월성을 얻을 수 있는 지름길이다. 다시 말해서 이 세상에 내가 원하는 성공을 이룬 사람이 존재하고, 내가 그 사람처럼 기꺼이 시간과 노력을 기울일 용의가 있으면, 나도 그 사람과 같은 성공을 거둘 수 있다는 것이다. 성공을 위하여 우리가 해야 할 일은 본받을 만한 모델을 찾는 것이다. 그리고 그런 성공을 하려면 그들이 어떤 행동을 취했고 두뇌와 신체를 어떻게 사용했는지 구체적으로 알아보면 된다.

세계적인 성공 동기부여가 앤서니 라빈스는 본받기가 탁월성을 얻는 지름길이라고 《무한능력》에서 말한다. 누구나 성공하고 싶고 누구나 탁월해지고 싶은 욕구가 있는 게 사실이다. 앤서니의 말대로 성공한 모델을 정하고 그대로 따라 하면 된다고 하니 한 번 해볼 만하다.

나 역시 성공하고 싶었다. 탁월한 사람이 되고 싶었다. 직장에 다니던 중 우연히 에너지테라피에 대한 소개를 받고 나는 가슴이 뛰었다. 내가 오랫동안 찾고 있던 오아시스를 만난 기분이었다. 에너지테라피가 무엇인지도 모르면서 내게 온 절호의 기회라 생각했고 놓치고 싶지 않았다.

그러나 처음 접하는 사업인지라 생소하고 막막했다. 우선 에너지테라피에 대한 지식을 넓히기 위해 공부하면서 사람들을 만났다. 앤서니 라빈스도 그때 《무한능력》이라는 책에서 만났던 사람이다. 그는 나의 방향을 정해주는 것 같았다.

'에너지테라피 분야에서 탁월한 한 사람을 정해서 제대로 본받기를 해보자!'

본받을 결심을 하니 내가 달라지기 시작했다. 주변 사람들을 유심히 관찰하기 시작했다. 그러던 중 안산에서 에너지테라피를 하는 M 원장님을 만났다. 그는 몸 공부를 제대로 한 실력자이자 에너지테라피에 대한 전문 지식도 갖추고 있었다. 부드러움과 강인함을 겸비하였으며 피부 미용에 대한 자부심과 확고한 경영철학이 있었다.

나는 원장님의 매력에 빠져들었다. 원장님처럼 되고 싶었다. 그러기 위해서 원장님에게 배워야 했다. 배움에 집중·몰입하기 시작했다. 나는 작은아들 해리 팀장과 일주일에 한 번씩 첫차를 타고 안산으로 달려갔다. 열심히 원장님의 노하우를 본받기 시작했다. 우리는 단 하나도 놓치지 않으려고 메모하면서 공부하기 시작했다.

공부한 내용을 메모에만 그치지 않고 전주로 내려와서 하나씩 연습하며 내 것으로 만들어 갔다. 큰아들과 남편을 연습 대상으로 삼아 배운 내용을 시연했다. 시간이 흐르면서 우리에게도 점점 노하우가 쌓이기 시작했다.

나와 해리 팀장은 그야말로 한 주도 거르지 않고 초심의 마음으로 배웠다. 원장님은 우리의 열정과 정성이 가상했는지 본인이 가진 지식과 경험과 노하우를 하나도 빠뜨리지 않고 전수해 주었다. 그는 빽s테라피가 에너지테라피 업계의 탑이 될 수 있도록 이끌어 준 귀인이었다.

우리는 인생에서 늘 선택한다. 인생은 선택의 연속이기 때문이다. 일단 선택하고 나면 본받을 탁월한 사람을 찾는 것이 중요하다. "본받기는 탁월성을 얻을 수 있는 지름길이다."라는 앤서니 라빈스의 말처럼 나 역시 에너지테라피 업계의 탁월한 사람을 찾아 본받기에 전념했다. 그리고 나는 탁월한 에너지테라피스트가 되었다. 빽s테라피는 그 결과물이다.

앞으로 누군가는 나를 본받고 탁월해지고 싶어질 것이다. 빽s테라피를 이끄는 경영 노하우를 본받고 싶어질 것이다. 좋다. 그때는 나와 빽s테라피가 이미 에너지테라피 업계의 탁월한 선두 주자가 되어 있을 것이다. 안산의 M 원장님처럼 내가 알고 있는 모든 지식과 경험과 노하우를 전수해 줄 것이다. 제2, 제3의 빽s테라피가 불처럼 일어나 대한민국을 넘어 세계인들의 건강과 아름다움을 책임질 수 있도록.

9

창업은 작게 수익은 크게

소자본 창업 아이템으로 빽s테라피가 알려지면서 전국에서 문의 전화가 이어졌다. 벤치마킹하러 오는 분도 많아졌다. 에너지테라피 업계에서 빽S테라피가 모델링 숍이 된 것이다.

어느 날 40대 주부가 빽S테라피 숍을 찾아왔다. 여러 업종을 경험한 분이었다. 빽s테라피에서 에너지테라피 시연을 받고 난 후 에너지테라피를 배우고 싶고 일도 해보고 싶다고 말했다. 몇 번 안면이 있는 분으로 인상도 좋아 보이고 열심히 살아가는 분 같았다. 고민 끝에 도와주고 싶은 마음이 생겼다. 그녀에게 에너지테라피 교육을 무료로 몇 달 동안 정성과 시간을 들여 잘 가르쳐 주었다.

그녀는 피부숍을 차릴 수 있는 자격요건은 되었다. 하지만 자본금이 없어 창업할 엄두를 낼 수 없으니 일할 수 있게 도와 달라고 했다. 빽s테라피에서 프리렌서로 일할 수 있도록 했다. 물론 고객 지원도 해주었다. 그리고 불과 몇 달 후 창업하겠다 며 도와달라고 부탁했다. 내가 처음 빽s테라피를 시작할 때 어 려운 경제 사정으로 인해 아들 보험 약관대출을 받아 창업했 던 일이 생각났다. 그녀의 부담을 덜어주기 위해 처음으로 에너 지테라피 기기를 할부 조건으로 해주었다. 최소한의 비용을 들 여 피부미용 숍을 열 수 있도록 마음을 다해 도와주었다.

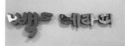

〈소자본으로 창업한 에너지테라피 관리실〉

드디어 그녀가 개업 후 한 달 수익이 700만 원이라며 너무 기뻐했다. 그동안 여러 일을 해봤지만 이렇게 큰돈을 벌어본 것은 처음이라고 했다.

"빽 원장님 너무 고마워요. 은혜 잊지 않을게요."

그녀는 만면에 미소를 머금고 좋아 어쩔 줄 몰랐다.

"너무 기뻐요. 항상 응원할게요!"

나도 창업할 수 있도록 도와준 그녀가 잘되니 너무 기뻤다.

불과 몇 년 전 세계적인 코로나 팬데믹을 지나오면서 경제가 얼어붙고 앞이 캄캄했다. 어떤 이는 말했다. 코로나19, 이런 시국에는 가만히 있어야 돈 버는 거라고. 누군가에겐 맞는 말이기도 하다. 코로나로 인한 집합 금지령으로 대형 관리 가게가 문을 닫는 곳이 많았다. 유명 백화점 매장에 종사하는 분들은 일주일에 3일만 출근해야 했다. 물론 수익이 반으로 줄어들어 힘든 생활을 할 수밖에 없었다. 그분만이 아니다. 아예 일자리를 잃는 사람도 많았고 다른 일을 찾아야만 하는 사람도 있었다.

이럴 때도 위기를 기회로 삼고 헤쳐 가는 이가 분명히 있다. 어려운 환경 속에서도 어떻게 살아갈지에 대한 태도와 선택은 온전히 자기 자신의 몫이다. 나는 에너지테라피가 면역력 관리에 도움을 줄 수 있고 건강관리에 꼭 필요한 업종이라고 판단했다. 그리고 에너지테라피 창업을 꿈꾸는 이들에게 소자본 창업으로 더욱 큰 수익을 낼 수 있다고 장담했다. 왜냐하면, 에너지테라피 숍은 큰 도로에 위치하지 않아도 되기 때문이다. 상대적으로 월세 부담이 적을 수 있다. 숍 인테리어가 고급스럽지 않아도 된다. 다만 위생관리에 신경 써 깨끗하게 관리하면 좋다.

에너지테라피 숍은 몇 달 동안 집중해서 기술을 꾸준히 배우면 자신만의 특징을 살려 운영할 수 있다. 꾸준함이 에너지테라피 업을 성공으로 이끈다. 한 사람 한 사람 정성을 들여 관리하다 보면 소개가 이어지게 되고, 먼 길도 마다하지 않고 찾아오는 충성고객이 많아진다.

적은 비용을 들여 큰 수익을 낼 수 있도록 돕는 것이 빽s테라피의 철학이다. 많은 자본을 들여 크게 시작해야 사업에서 성공하는 것이 아니다. 최소 비용으로 최대 효과를 내는 게 오히려 어려운 시기에 가져야 하는 사업 마인드다. 따라서 성공하는 사람은 어려운 시기를 기회로 보고 목표하는 바를 성공으로 이끈다. 그들의 정확한 판단과 통찰력을 배우고 싶다면 성공한 사람을 잘 들여다보자. 성공한 사람 옆에 있어야 나도 그와 같이 된다.

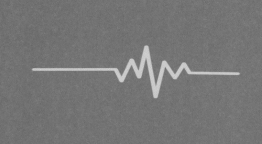

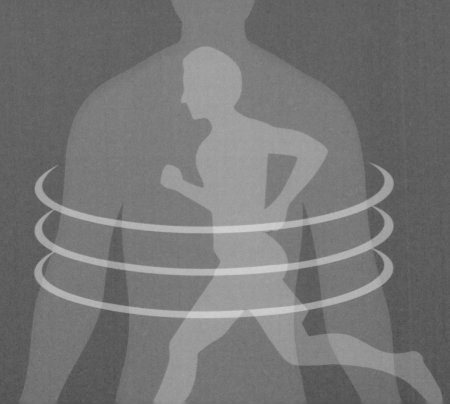

제4장

빽s테라피는 사랑이다

프로와 아마추어의 미세한 차이

에너지테라피 사업을 하면서 이왕이면 프로가 되어야 하지 않을까. 적어도 고객의 건강과 아름다움을 책임진다면 마땅히 프로여야 한다. 그러나 프로의 세계는 호락호락하지 않다. 남다른 노력과 근성을 가지지 않으면 쉽게 들어갈 수 없는 세계다.

피터 드러커는 《프로페셔널의 조건》에서 다음과 같이 말했다.

"예수회 신부나 깔뱅파 목사는 어떤 중요한 일을 할 때마다, 예를 들면 어떤 중요한 의사결정을 할 때마다 자신이 예상하는 결과를 기록해 두었다. 그리고 9개월 후에는 실제 결과와 자신이 예상했던 결과를 비교해 보는 피드백 활동을 한다. 그것은 그들이 잘한 것이 무엇인지 그리고 그들의 장점은 무엇인지를 신속하게 알려준다. 그것은 또한 그가 무엇을 배워야 하는지 그리고 어떤 습관을 바꿔야 하는지도 알려준다. 마지막으로 그것은 그가 소질이 전혀 없는 분야가 무엇인지 그리고 잘할 수 없는 일이 무엇인지도 가르쳐준다. 나는 이 방법을 50여 년 동안 꾸준히 실행해 오고 있다. 피드백 활동은 우리의 장점이 무엇인지 밝혀주는데, 이 장점은 한 개인이 자기 자신에 대해 알 수 있는 것 중에서 가장 중요한 것이다."

피드백이 얼마나 중요한지 알려주는 최고의 통찰이다. 피터 드러커의 일생에서 가장 중요한 키워드가 피드백이었다고 한다. 무슨 일을 하든지 정기적으로 피드백을 하면서 일을 마무리하고 새로운 구상을 했다고 한다.

빽s테라피에는 두 명의 뛰어난 교육팀장이 있다. 좌청룡 우백호처럼 늘 내 옆에서 든든하게 사업을 받쳐주는 큰아들 임 원장과 작은아들 해리 팀장이다. 큰아들 임 원장은 에너지테라피 수강생들에게 교육할 때 복잡한 내용을 간단하면서도 명확하게 짚어주면서 쉽게 교육해 주는 남다른 능력이 있다.

"다음 2회차도 임 원장에게 교육받고 싶어요."

피부숍 원장들이 1회차 교육을 받고 난 후 미리 교육 예약을 하곤 한다. 같은 설명이라도 임펙트 있고 간단명료하게 설명해 줄 뿐 아니라 전달 능력이 뛰어나 귀에 쏙쏙 들어온다는 것이다.

"와우! 임 원장님 교육은 이해가 아주 잘 되고 귀에 쏙쏙 들어와요!"

임 원장은 나와 작은아들 해리 팀장보다 조금 늦게 에너지테라피에 입문했다. 그럼에도 에너지테라피 프로마스터답게 교육 실력이 남다르다. 서울에 거주하는 한 분은 에너지테라피 관리를 꼭 임 원장에게 받겠다고 고집한 적이 있다. 그분의 관리를 위해서 매주 꼬박꼬박 서울을 오르내리기도 했다. 왜 임 원장에게 교육받고 싶어 하고 관리를 원할까?

임 원장은 고객의 몸 상태가 어떤지 분석을 참 잘한다. 몸의 어느 부분부터 관리를 해줘야 할지 우선순위를 정해놓고 흐트러진 체형을 되돌리는데 남다른 능력이 있다. 고객 상담을 할 때도 담백하고 명료하게 고객의 가려움을 긁어주고 핵을 짚어

준다. 그의 그런 능력은 처음부터 있었을까. 아니다. 그의 부단한 노력의 결과다.

그는 에너지테라피에 처음 입문해서 내게 교육받을 때도 자세와 열정이 남달랐다. 피드백을 적극적으로 수용하고 자신이 개선할 부분을 정확히 받아들였다. 매일 새벽 3시까지 몸의 근육들을 유튜브와 책을 통해 스스로 공부했다. 또 에너지테라피 기본 테크닉을 반복하면서 꾸준히 연습해 왔다. 그러면서도 성급하게 나아가려 하지 않고 기본에 집중하면서 실력을 탄탄히 쌓아 나갔다. 단기적인 성과에 연연하지 않고 꾸준한 노력과 지속적인 성장에 집중했다. 그 결과 임 원장은 에너지테라피스트로서 아마추어에 머물러 있지 않고 프로가 될 수 있었다.

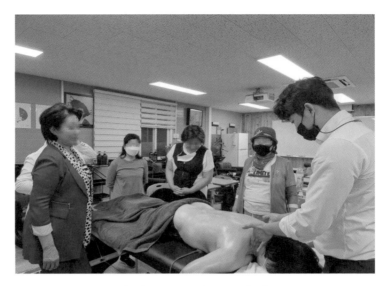

〈에너지테리피 시연 중인 임 원장〉

    프로와 아마추어를 구분하는 미세한 차이는 무엇일까? 여러 가지가 있을 수 있겠지만 피드백이 중요하다고 생각한다. 피터 드러커의 성과 및 성장 동력도 피드백이라고 하지 않는가? 피드백을 평생의 중요한 핵심 키워드로 생각하고 실천했으리라. 임 원장의 장점도 한 가지 일을 시작하면 초집중한다. 끊임없이 배움에 정진하면서 스스로 자가 체크를 한다. 잘하고 있는지 잘못하고 있는지 정기적으로 피드백을 하는 것이다. 그 과정에서 자신의 장점이 무엇인지, 무엇을 더 배워야 하는지, 그리고 하지 말아야 할 것이 무엇인지를 발견한다.

사람 중심 경영을 하는 나에게 피터 드러커와 임 원장의 사례는 나에게 새로운 교훈을 준다. 내가 하는 일도 잘하고 있는지 개선할 부분이 있는지 정기적인 피드백이 필요할 것이다. 곧 고객을 위하는 일이므로.

꿈을 바꾼 남자 해리 팀장

가지 않은 길

로버트 프로스트

노란색 숲속으로 향하는 두 갈래의 길
아쉽게도 내가 갈 수 있는 길은 하나
여행자의 마음으로 한참을 서서
물끄러미 바라본다.

그리고 선택한 것은 다른 길, 모두 아름답고
수풀 무성하지만 사람들의 흔적 덜한 길

중략

먼 훗날 저 길 어딘가에서
한숨을 쉬며 말할지도 모른다.
그 숲에는 두 갈래의 길이 있었고, 나는
사람들이 가지 않은 길을 선택했었다고
그리고 나의 인생은 달라졌다고

둘째 아들이 초등학교 3학년 때 담임선생님한테 전화가 왔다.

"어머니 해리를 수학 학원에 보내면 좋을 것 같습니다. 해리가 수학에 남다른 영재성을 가지고 있어요."

엄마인 나도 미처 발견하지 못한 둘째 아들의 재능을 알아보고 연락해 준 담임선생님이 고마웠다. 이후 해리를 영재학원에 보냈다. 학원에서도 해리가 수학과 과학에 뛰어나다는 인정을 받았다. 수학 경시대회에 여러 번 나갔고 과학기술부 장관상을 타기도 했다.

그러나 해리는 더 이상 앞으로 나아가지 못했다. 너무 빠른 선행학습이 문제였을까. 사춘기가 되면서 무기력하게 잠을 자기 시작했다. 고등학교 때는 드럼을 치고 싶다고 말했다. 아이에게 무지했던 나는 대학에 들어가서 하라며 반대했다. 드럼이 해리의 무기력에서 벗어날 수 있는 탈출구였다는 것을 몰랐던 것이다. 해리는 수능을 앞두고 영어와 수학 학원을 보내 달라고 요구했다. 하지만 우리 부부는 수학 학원만 보냈다.

수능 점수가 기대한 만큼 나오지 않자, 담임은 해리를 재수시키자고 제안했다. 재수하면 원하는 대학에 갈 수 있을 거라고. 그러나 재수 비용이 걱정되었던 해리는 전북대 자연계를 지원하여 합격했다. 이후 의과전문대학원에 진학하고자 했으나 텝스라는 영어시험을 통과해야 했다. 원하는 점수를 얻기 위해 영어 공부에 전념하던 중 의무병으로 입대하여 군 복무를 마쳤다.

해리가 졸업을 5개월 남겨놓았을 때 나는 에너지테라피 사업을 위해 교육을 받고 있었다. 마침 연습할 모델이 필요했다. 해리는 모델로 딱 좋은 신체 조건을 가지고 있었다. 몇 차례 연습 모델을 한 아들은 어느 날 내게 말했다.

"엄마, 나도 에너지테라피 하면 안 될까요?"

아들의 말은 너무나 의외였다. 슈바이처 같은 의사가 되겠다는 꿈을 가진 아이였다. 그러나 생각 없이 말하는 아이가 아니라는 것을 잘 알기에 일단 긍정적으로 답변했다.

"네가 하고 싶다면 엄마는 찬성이야. 하지만 그냥 남자 테라피스트에 그치지 말고 남다르게 한 번 해봐."

남편은 반대했다. 대학에서 공부 잘하고 있는 아이를 엄마라는 사람이 펌프질해서 엉뚱한 일을 하게 한다고 불만이 많았다. 아들의 확고한 의사를 알고 나서도 쉽게 포기하지 않고 나를 탓했다.

해리 팀장은 남들이 가지 않은 길을 선택했다. 결정하기까지 쉽지 않았을 것이다. 어떤 마음으로 남자 에너지테라피스트가 되려고 했을까. 궁금했지만 자세히 묻지 않았다. 우선 아들이 하고자 하는 일을 막고 싶지 않았다. 젊기에 그 길이 아니다 싶으면 언제든 돌아가면 된다고 생각했다. 물론 아직 돌아가지 않았다.

해리 팀장과 나는 에너지테라피에 몰입했다. 경기도 안산에 있는 교육장에 아침 첫차를 타고 올라가 막차를 타고 내려오는 고된 행군을 몇 달 동안 강행하며 배우고 성장해 나가기 시작했다. 몽골과 베트남에서 숍 운영과 테라피 교육을 했다. 하지만 코로나19로 인해 해외 일정이 중단되면서 국내 활동에 집중했다. 해리는 청일점 남자 에너지테라피스트로 숍 운영과 교육, 창업과 관련하여 밤낮으로 활약하기 시작했다.

내가 정말 둘째 아들 해리가 갖고 있던 의사의 꿈을 포기하게 만든 게 아닐까. 엄마로서 좀 더 적극적으로 반대해야 하지 않았을까 생각하기도 했다. 하지만 엄마로서 아들이 하고 싶은 일이 있으면 할 수 있도록 적극 지지하는 것이 옳다고 판단했다. 해리는 잘 성장하고 있고 무엇보다 내게 큰 힘이 되었다. 무엇보다 내게 부족한 마케팅과 홍보를 보완해 주고, 교육생들의 교육과 창업을 위해 세심하고 자세하게 지원해 주는 파트너이자 조력자이다. 빽s테라피 성장의 계기는 바로 해리 팀장의 에너지테라피 교육에 있다고 해도 과언이 아니다.

에너지테라피 업계에서 남자 에너지테라피스트는 찾아보기 힘들다.

"남자 원장님이 관리하는 거예요? 여자 원장님이 해주세요."

고객들은 남자 에너지테라피스트를 종종 꺼리기도 한다. 해리 팀장은 그럴 때마다 각오는 했겠지만, 마음에 상처를 입었을 수도 있다. 남들이 가지 않는 길을 가며 벽에 부딪히는 모습을 보면서 엄마로서 파트너로서 마음이 아프다. 하지만 해리 팀장이 이런 상황을 슬기롭게 극복하면서 리더로 성장하는 과정이라고 생각한다. 새로운 길에서 만난 난관을 뚫고 나아가면서 자신이 선택한 일에 대한 가치를 실현하는 길이 될 것이다.

에너지테라피를 위해 꿈을 바꾼 남자 해리 팀장의 선택에 박수를 보낸다.

〈피부미용 숍 원장 대상 에너지테라피 교육 중인 해리 팀장〉

〈하노이 Grand Top 1 Beauty 2023 Advisory Board cup 수상. 해리 팀장〉

남자 에너지테라피스트 임 원장

대기업을 다니던 중 힘든 업무와 잦은 야근으로 지쳐있었다. 어머니께서 내 모습이 안쓰러워 보였는지 에너지테라피 사업을 같이 해보지 않겠냐고 물었다.

'어! 그건 여성 직업군이 아닌가?'

피부미용 업계의 새로운 직종이라지만 여성이 하는 일이라는 선입견이 들었다. 많은 경쟁을 뚫고 그 어렵다는 대기업에 들어갔는데 여성 직업군으로의 이직을 위해 포기하기란 쉽지 않았다. 결국 고민의 밤들을 지내고 과감한 결정을 내렸다.

에너지테라피에 도전할 수 있었던 가장 큰 계기가 두 가지 있었다.

첫째, 풋살 경기 중 심한 부상으로 발목 인대 수술을 받았다. 깁스를 풀고 재활 치료를 받았으나 회복이 더디고 통증이 남아있었다. 그때 어머니가 두 번 해준 에너지테라피 관리를 받고 나서 놀라고 말았다. 딱 두 번 받았을 뿐인데 회복 속도가 너무 빨라 정상적으로 발목을 사용할 수 있었다.

둘째, 남동생이 이미 어머니와 같이 남자 테라피스트로서 국내는 물론 해외까지 가서 일하고 있었다. 특별하게 생각했던 것은 일반 마사지가 아닌 전류를 이용한 관리법으로 생소하지만 뭔가 차별화가 있어 보였다.

생소한 길을 걷기 위해 회사에 사직서를 냈다. 어머니와 동생 그리고 나는 가족 에너지테라피스트로서 전국을 다니며 에너지테라피 기기 판매와 교육을 했다. 처음에는 어색했지만, 여러 사람을 만나면서 에너지테라피 일에 차츰 스며들었다. 새로운 것에 대한 도전을 두려워했었던 나는 열정적으로 꿈을 찾아가기 시작했다. 밤새워 유튜브 영상 그리고 책을 통해 인체구조와 근육 활동을 공부했다. 임상경험을 많이 쌓아온 어머니와 동생에게 공부한 것을 실전처럼 연습하며 연구하고 한 단계 한 단계 빠른 속도로 성장했다.

하지만 남자 에너지테라피스트로서 주 고객층이 여성이다 보니 현실의 벽에 부딪혔다. 자신감이 자꾸 떨어질 때 문득 어머니가 생각났다. 어머니는 내 인생의 가장 잘 닦아놓은 길이며 절대 길을 잃어버릴 수 없는 최강 네비게이션이라는 것. 고객들과 관계를 쌓아가며 진정성 있게 고객을 대하고, 고객이 무엇을 원하는지에 귀기울였다. 정성을 다해 임하다 보니 변화가 일어났고 나를 찾는 고객이 하나둘 늘어나기 시작했다.

- 임 원장의 일기

나와 같이 일하는 남자 에너지테라피스트인 큰아들 이야기다. 새로운 일을 시작하기에 두려움이 앞설 텐데, 쉽지 않은 결정을 내린 아들에게 박수를 보낸다. 우리 가족은 내가 먼저 잘 다니던 직장을 그만두고 에너지테라피스트로 직업을 바꿨다. 다음은 작은아들이 의사의 꿈을 접고 이 길을 가겠다고 했다. 나는 스스럼없이 하고 싶으면 하라고 했다. 이미 성인이 된 작은아들이 심사숙고했을 것이라는 생각이 들어 아들 의사를 존중했다. 나 역시 젊은 시절 도전하고 싶은 일이 있었지만, 여건이 안 되어 못 했던 것을 생각하니 아들의 도전을 말릴 수 없었다. 큰아들은 나와 작은아들이 하는 일을 처음부터 환영하지 않았다. 그러나 동생과 엄마가 흔하지 않은 일에 하루하루 미친 듯이 뛰며 조금씩 성장해 나가는 모습을 보면서 생각이 달라졌다. 조금 늦게 남자 에너지테라피스트를 시작했지만, 남모르게 밤을 지새우며 인체 공부를 파고들었다. 그 결과 남자 에너지테라피스트로서 자타가 인정하는 실력자가 되었다.

그러나 남자로서 에너지테라피 업에 종사 하기란 현실적인 난관이 많다. 여성의 경우 겉옷을 탈의하기 때문에 회피할 수 있고 남자라서 섬세하지 못할 거라는 선입견이 있을 수 있다. 무엇보다 업계에서 아직 남자 에너지테라피스트가 많지 않은 것도 사실이다.

오래전 중국에서는 마사지를 받을 때 여자는 남자에게, 남자는 여자에게 받으면 오히려 음과 양의 조화로 좋은 기가 흐른다고 말했다. 드문 일이긴 하지만 최근에 처음 온 한 여자 고객은 남자 에너지테라피스트에게 관리받기를 원했다. 에너지테라피 관리를 몇 회차 받아본 고객 중에도 기존 틀에서 벗어나 인식의 변화가 있는 것을 알았다. 에너지테라피스트를 굳이 남녀로 구분하지 않겠다는 사람들이 조금씩 늘어나는 추세다.

〈베트남 하노이 미용대회에서 에너지테라피 시연 홍보 중인 임 원장과 해리 팀장〉

사실 안마원에 안마사도 남자들이 많고, 산부인과 의사도 남자들이 많다. 그러니 에너지테라피 업계도 남자 테라피스트가 많이 늘어나지 말란 법이 없다. 나의 사랑하는 두 아들이 이미 시작했고 나아가 크게 성공할 것이라고 굳게 믿는다. 건강과 아름다움을 관리해 주는 진정한 남자 에너지테라피스트들이 피부숍 원장으로 주목받을 날이 머지않았음을 상상해 본다.

4

무료 스터디와 교육

　40대 후반의 여성 고객이었다. 에너지테라피 관리를 몇 회
차 받는 중에 몸의 느낌이 너무 좋아서 아예 에너지테라피 숍
운영에 관심이 간다고 말했다. 마침 다니던 직장을 퇴직하면
무슨 일을 해야 할지 고민하던 차라고 했다.

　그녀는 에너지테라피에 대한 나의 설명을 듣고 직업을 바꾸
기로 결정했다. 바로 교육을 받고 기기 구매까지 했다. 교육하
면서 기기 판매가 처음으로 이루어졌다. 그 일을 계기로 2019
년 후반부터 원장들과 창업을 꿈꾸는 다른 업종의 사람들을
위한 무료스터디 계획을 준비했다.

　나와 해리 팀장은 마음을 다해 모든 에너지와 시간을 스터
디 준비에 할애했다. 매주 에너지테라피 무료스터디를 열기 위

해 바쁜 일정을 쪼개 온갖 열정을 쏟았다. 젊고 유능한 해리 팀장은 자료와 프리젠테이션 준비를 위해 아이디어를 짜냈다. 나는 온라인 홍보와 문의해 온 사람들을 응대하며 교육장 점검, 간식과 차를 준비했다. 공부 시간이 되면 해리 팀장과 나는 이론교육과 실기교육을 하면서 원장들에게 시연으로 실습할 수 있는 시간을 가졌다.

하루 스터디를 위해서 며칠 동안 계획하고 준비했다. 이익만을 추구했다면 이렇게 여러 회차에 걸쳐 무료 스터디를 진행하지 않았을 것이다. 오로지 에너지테라피 보급을 어떻게 하면 잘할 수 있을까 생각했다. 에너지테라피 기기를 사용하고 있다 할지라도 적응하는 데 시간이 필요하므로 스터디에 참여해서 부족하고 풀리지 않는 부분을 해결해 나가는 피드백과 전문성 향상의 장을 열기 위한 목적도 있었다. 스터디 후 올리는 온라인 홍보를 보고 한두 명씩 스터디에 참여했고, 기기 문의도 이어졌다.

작은 공간에서 이루어지는 스터디는 쉽지 않았다. 프리젠테이션을 위해 빔을 쏘기에도 적절하지 않은 환경이었다. 교육생들 숫자에 비해 의자와 책상도 조금 비좁았다. 하지만 무료 스터디와 교육은 온라인과 입소문을 타고 찾아오는 사람들로 성황을 이루었다. 우리는 숍을 운영할 시스템을 구축하기보다 매주 스터디를 위해서 이틀에서 삼일 정도는 시간을 쏟아부어야만 했다. 숍을 깨끗하게 준비하고 스터디 마무리를 하면 해리 팀장과 나는 몸이 녹초가 되었다. 사업 경험이 없다 보니 몸으로 뛰면서 교육생을 찾아가야 하는 힘든 과정의 연속이었다. 진정 에너지테라피를 사랑하지 않았다면 무료 스터디와 교육을 하기 위해 자료를 준비하고 시간을 투자하고 열정을 바치지 않았을 것이다.

무료 스터디와 교육은 빽s테라피를 적극 홍보하는 계기가 되었다. 더 많은 사람이 에너지테라피에 관심을 갖고 참여하고 교육을 받았다. 즉 무료 스터디와 교육으로 자연스럽게 에너지테라피 보급에 성공했다.

다수에게 이로운 어떤 일을 하려면 그 일을 추진하는 사람의 희생과 봉사 없이는 이루어지지 않는다. 에너지테라피 무료 스터디와 교육을 통해서 희생과 봉사는 결국 본인에게도 좋은 결과를 가져온다는 통찰을 깨닫는다.

5

탁월한 에너지테라피스트 교육생

2018년 처음 에너지테라피스트가 되겠다고 마음먹었을 때, 나는 경기도 피부숍 M 원장님이 교육 해주는 테크닉 하나하나를 놓치지 않았다. 군대를 막 제대하고 복학을 앞둔 둘째 아들을 대상으로 테크닉 연습을 밤늦게까지 했다. 연습하고 피드백 받고 반복하고 또 반복하며 공부했다. 당시 에너지테라피 분야에서 탁월한 능력을 지닌 피부숍 M 원장님을 만났던 것이 나에겐 행운이었다. 그렇게 배운 에너지테라피 테크닉을 나 또한 다른 사람들에게 몇 년 동안 가르치며 수료하도록 도와주었다.

그런데 2022년 큰 아픔을 겪었다. 무엇보다 사람에 대한 상처가 깊었다. 하던 일을 모두 내려놓고 잠시 쉬고 있었다. 그러던 어느 날 모임을 같이 하는 K 선생님이 허리가 몹시 불편해 내게 관리를 받겠다며 찾아왔다.

일주일 간격으로 에너지테라피 관리를 해주었다. K 선생님은 1회차 관리를 받고 나서 몸의 느낌이 너무 좋고 불편했던 허리가 좋아졌다고 했다. 2회차 관리를 받던 중에 에너지테라피를 배우고 싶다는 의사를 표현했다. 나는 몸이 좋아져서 하는 소리라고 생각해 새겨듣지 않았다. 그런데 4회차 관리를 받고 난 후 다시 에너지테라피를 배우고 싶다고 말했다. 나는 생각해 보겠다고 했다.

또 다른 교육생 Y 선생님은 차분하고 말수가 적은 조용한 성격의 소유자다, 꾸준함과 성실함도 갖추었다. 그 역시 내가 가지고 있는 에너지테라피 테크닉 기술을 배우고 싶어 했다. 그리고 지금 잘 배우고 있다.

당시 나는 에너지테라피를 사람들에게 가르치고 난 후 아픔이 있었다. 그 상처가 채 아물지 않은 때였다. 빽s테라피 식구 중 일부도 교육에 반대했다. 하지만 K 선생님은 빽s가 지금은 작지만 무언가 다른 에너지가 느껴진다고 말했다. 나 같은 마인드와 기술, 서비스 교육과 자세까지 배우고 싶다고 했다. 에너지 요법을 열심히 배워서 일도 하고 꿈과 비전을 이루고 싶다고 했다.

　나는 에너지테라피 분야에서 본받을 만한 탁월한 모델을 만났다. 성공한 그 사람을 모델링하며 시간과 노력을 아끼지 않고 열정을 쏟아부었다. 나 같은 마인드와 자세가 갖춰지지 않는다면 교육해 줄 수 없다고 K 선생님에게 말했다. 이전에 교육받은 대부분의 교육생은 배운 것을 몇 번 연습하지 않고 테크닉이 안 된다고 말하는 경우가 많았다. 그때 어느 교육생에게 물어보았다.

　"연습을 100번, 아니 50번, 아니 30번이라도 해봤나요?"
　"아니요. 3번 정도

　할 말이 없었다. 3번의 연습으로는 신이라 해도 그 어려운 에너지테라피 기술을 체화할 수 없다. 3번이라는 대답으로 그분의 에너지테라피에 대한 마인드를 확인할 수 있었다. 만약 나처럼 하고 싶다면 본인의 마인드를 바꿔야 한다고 말했다

　K 선생님은 6개월 동안 교육받으면서 느껴왔던 것을 말했다. 교육을 2회차 받을 때 잇몸이 붓고 안 좋았었는데 증상이 사라졌다. 폐경이 온 후 8개월 만에 다시 생리가 왔다. 그리고 눈이 붓고 염증이 생겨 왼쪽 눈이 부었는데 단 한 번 관리 후

부기가 가라앉았다는 것. 그리고 K 선생님은 "빽s 대표님은 에너지테라피 분야에서 최고"라는 생각이 든다고 했다. 그래서 더더욱 내게 배우고 싶다고 했다. 테크닉뿐만 아니라 서비스 교육과 고객을 최우선으로 하는 고객 관리 방법까지 본받고 싶다고 했다. 고객 몸의 단점을 설명해 주는 능력이 남다르고 고객과의 소통이 탁월하다고 했다. 그리고 빽s테라피가 쑥쑥 성장해 나갈 것 같은 느낌이 든다고 했다. 그래서 함께하고 싶다고 했다.

탁월한 에너지테라피스트가 되고 싶다면 바라고 원하는 방향성을 정하고 모델링할 사람을 찾아서 꾸준히 배우라고 권하고 싶다. 그 이후 나만의 창조적인 것을 만들어 가면 된다. 에너지테라피스트로서 탁월한 능력을 지닌 선생님의 지식과 노하우를 알아보는 탁월한 교육생이 있다면 그에게 내가 알고 있는 모든 것을 기꺼이 전수하여 또 하나의 탁월한 에너지테라피스트가 되도록 돕겠다.

6

고객 관리는 고객을 아는 것

한 번에 한 사람

마더 테레사

난 결코 대중을 구원하려고 하지 않는다.
난 다만 한 개인을 바라볼 뿐이다.

난 한 번에 단지 한 사람만을 껴안을 수 있다.
한 번에 단지 한 사람만을 껴안을 수 있다.
단지 한 사람, 한 사람, 한 사람씩만...

따라서 당신도 시작하고 나도 시작하는 것이다.
난 한 사람을 붙잡는다.

만일 내가 그 사람을 붙잡지 않았다면
난 4만 2천 명을 붙잡지 못했을 것이다.
당신에게도 마찬가지다.

마더 테레사의 시 '한 번에 한 사람'은 내가 만나는 각 사람을 소중하게 여기고, 그들과의 관계를 온전히 내 것으로 품고자 하는 마음을 잘 표현해 주는 시다. 이 시를 통해 한 사람, 한 사람을 만나는 과정이 나에게 얼마나 중요한지를 깨닫게 되었다.

몇 년 동안 에너지테라피에 대한 궁금증과 호기심으로 백s 테라피 숍을 찾아온 고객이 늘어났다. 그들은 1회차 관리를 받고 나면 지속적인 관리를 받겠다고 10회분 티켓팅을 하기도 했다. 그러나 관리 후 몸이 좋아지면서 재 티켓팅을 하신 분도 있지만, 발길을 끊는 고객들도 있다. 그들 중에는 관리 비용 부담이 만만치 않기 때문이기도 하다.

그런데도 백s테라피에 고객이 끊이지 않고 찾아왔다. 마침 에너지테라피 기기 판매와 교육에 많은 에너지와 시간을 뺏기면서 고객관리가 미흡했던 적이 있다. 빽s테라피 숍을 믿고 찾아온 고객을 시간이 없다는 이유로 교육해 주고 창업을 도와주었던 피부관리숍 원장이나 다른 분들에게 연결해 준 경우가 많다. 지금 생각해 보면 아쉬움도 있다. 숍 원장들이 항상 그 자리에 있지 않기 때문이다. 나를 믿고 찾아간 고객이 얼마나 난감했을까? 차라리 직원을 채용해 교육한 후 빽s테라피에서 관리했더라면 고객 관리 시스템으로 빽s테라피 운영에 도움이 되었을 것이다. 방향을 제대로 잡지 못한 점이 있었다. 뒤늦은 후회일 뿐이다. 산토끼 한 마리 잡으려다 집토끼 열 마리 놓친 격이다.

산토끼를 잡으려고 산 위로 올라가며 쫓는다. 그런데 잘 잡히지 않는다. 왜 그렇게 잡기 힘들까? 토끼는 앞다리가 짧고 뒷다리가 길다. 따라서 오르막길에서는 100명이 쫓으면서 잡으려 해도 잡히지 않는다. 하지만 위에서 아래 방향을 향해 토끼를 쫓는다면 잡을 가능성이 크다. 내리막길에서는 토끼가 잘 달리지 못하기 때문이다.

한순간의 판단 실수로 빽s테라피에 찾아온 고객을 쉽게 놓치고 말았다. 방향을 못 잡고 힘들게 산길을 오르며 고객을 찾아 나선 것과 같다는 생각이 든다. 에너지테라피 관리에 정성을 쏟아내어 관리하는 것도 중요하지만 고객 관리가 더 철저히 이뤄져야 했다.

많은 고객이 뇌리에 스쳐 지나간다. 고객의 관심사가 무엇인지 지속적인 관심을 두어야 했다. 그로 인해 에너지테라피 관리를 받을 수 있도록 명분을 갖게 하는 것이 중요했다. 결국 고객과 끊임없는 소통이 부족했다. 사실 고객과의 소통은 고객의 말을 잘 들어 주는 것이 핵심이다. 쿠션 법을 사용하는 것도 매우 효과적이다.

"요즘 어떻게 지내세요?"

소소한 일상에 순수한 관심을 보이는 것, 고객의 말에 경청을 해주는 것만으로도 공감대 형성이 잘 이루어질 수 있다. 그럴 때 고객의 삶 속에 스며들게 된다. 고객을 아는 것이 힘이다. 단 한 분의 고객이라도 너무 소중하고 중요하다. 그 한 사람의 고객 뒤에 여러 명의 고객이 있기 때문이다. 눈앞의 고객뿐 아니라 보이지 않는 고객까지 볼 수 있는 안목이 사업가에게는 매우 필요한 요소다.

두 발로 100세까지

정신적 성장과 인간적 성숙은 한계가 없다. 노력만 한다면 75세까지는 성장이 가능하다고 생각한다. 나도 60이 되기 전에는 모든 면에서 미숙했다는 사실을 인정하고 있다. 나와 내 가까운 친구들은 오래전부터 인생의 황금기는 60에서 75세 사이라고 믿고 있다. 지금 우리 사회는 너무 일찍 성장을 포기하는 젊은 늙은이들이 많다. 아무리 40대라고 해도 공부하지 않고 일을 포기하면 녹스는 기계와 같아서 노쇠하게 된다. 차라리 60대가 되어서도 진지하게 공부하며 일하는 사람은 성장을 멈추지 않는다. 모든 것이 순조로이 이루어지는 것은 아니다. 그러나 성실한 노력과 도전을 포기한다면 그는 모든 것을 상실하게 된다.

105세의 나이임에도 왕성하게 활동하고 있는 김형석 교수의 책 《100년을 살아보니》에 있는 내용이다. 우리 인생에서 60세가 되면 현재 하는 일을 내려놓고 정리를 하는 시점이라고 생각한다. 그러나 김형석 교수는 말한다. "내 인생 최고의 황금기는 60세부터 75세까지"라고.

요즘 60세는 청년이다. 유엔이 새롭게 정한 평생 연령기준을 보면 18세부터 65세까지가 청년, 66세부터 79세까지가 중년이다. 100세 시대를 사는 우리에게 김형석 교수는 최고의 롤모델이 아닐 수 없다. 지금도 책 읽고 수영하고 산책하며 자기관리를 한다고 하니 놀라울 따름이다. 김형석 교수가 TV 및 SNS에서도 말했던 리더의 덕목이 지금도 귓전에 아른거린다.

"리더가 되려면 자기가 가지고 있는 것을 가르치고 나누어주어라. 리더는 일과 책임을 나누어주는 사람이다. 또한 내가 하는 일을 즐기는 것이 중요하다."

우리는 모두 행복을 추구한다. 어떻게 살아야 행복할 수 있는가? 김형석 교수는 그 비결을 이렇게 말했다.

"오늘 나는 무엇을 배울 것인가?"

나이 들어서도 배움에 삶의 초점을 맞추라는 말이다. 배울 때 행복을 느낀다는 메시지에 공감이 간다.

약해지지 마

시바타 도요

있잖아, 불행하다며
한숨 쉬지 마

햇살과 산들바람은
한쪽 편만 들지 않아

꿈은
평등하게 꿀 수 있는 거야

난 괴로운 일도
있었지만
살아 있어서 좋았어

너도 약해지지 마

몇 번을 읽어봐도 감동과 울림이 있다. 사업에 어려움을 겪고 있을 때 이 한 편의 시를 읽고 용기를 낸 적이 있다. "살아 있어서 좋았어"라는 부분에서는 가슴이 먹먹해지기까지 했다. 살아 있다는 것, 지금 숨 쉬고 있는 것보다 무엇이 더 중요하겠는가.

시인 시바타 도요는 90세에 시를 배우기 시작해서 99세에 이 시집을 출간했다. 그녀는 우리에게 삶이 힘들다고 하소연하지 말고 행동하라고 충고한다. 누구나 상황은 같고 자연은 누구 편도 들지 않는다고 한다. 105세의 김형석 교수 또한 인생은 나이가 중요하지 않다고 한다. 사람은 배움 및 성장을 선택하는 순간 늙지 않는다고 한다.

100세 시대이다. 중요한 것은 100세까지 나의 두 발로 걷는 것이다. 걷는다는 것은 무언가를 할 수 있다는 것을 의미한다. 나이를 탓하지 않고 어떤 나를 만들 것인가는 내게 달려 있다. 나를 어떻게 포지셔닝할 것인가? 무엇을 배울 것인가? 누구를 만날 것인가? 나의 루틴은 무엇인가? 이런 질문에 대한 답이 내 삶을 바꿀 것이다. 내 몸 속 에너지의 흐름을 보다 원활하게 할 것이다.

그래서 나는 장담한다. 에너지테라피를 잘 활용하면 두 발로 100세까지 걸을 수 있도록 우리 몸에 에너지를 충전해 줄 것이라고.

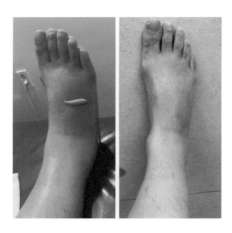

〈1회차 에너지테라피 관리 후 전후 모습〉

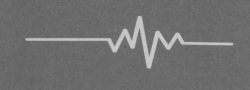

제5장
상상하go 끌어당기go 누리go

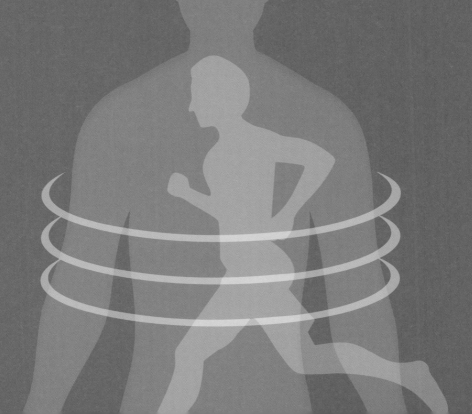

빽s테라피의 가치는 차별화다

조직은 스토리텔링이 강한 '감성 CEO'를 원한다. 시장은 감성 바이러스가 넘치는 '이야기가 있는 상품'을 원한다. 그러니 마음을 뒤집어 보라. 그리고 마치 아담 스미스가 시장을 발견했듯이, 차별화시킬 자신만의 무언가와 자신만의 감성 바이러스를 발견해 내라. 나아가 그것을 자신의 삶에 담아 자신만의 이야기로 만들어라. 어눌해도 좋고, 서툴러도 좋다. 다만 자기 목소리를 담은 이야기여야만 거기에 시장이 열리고 미래가 펼쳐진다. 기업의 CEO는 마음 산업을 이끌만한 '감성 리더십'을 갖추고, 기업은 강력한 감성 바이러스가 담긴 '이야기가 있는 상품'을 내놓아야 한다. 이제 이 마음산업을 선점하는 자가 미래의 주인이 될 것이다.

정진홍은 《인문의 숲에서 경영을 만나다》에서 CEO는 시장에서 차별화시킬 자신만의 무엇을 내놓아야 한다고 말한다. 그것은 '자신만의 이야기가 있는 상품'이어야 한다고 덧붙인다. 빽s테라피 숍을 오픈하고 운영해 오면서 '빽s테라피'만의 무엇을 만들어 고객에게 어필해야 한다는 마음의 무게가 늘 어깨를 누르고 있던 차였다. 어떻게 차별화시킬 것인가? 특별한 스토리를 만들어야 할까? 아니면 기존의 방식에서 틀을 살짝 바꿔볼까? 고민의 시간이 늘어가던 중 문득 떠오른 게 있었다.

나는 가격 차별화를 선언했다. 처음 시작부터 부분 10만 원과 전신 30만 원으로 가격을 책정했다. 가치는 내가 결정하는 것이다. 가치는 나의 확신과 고객에 대한 만족도가 하모니를 이룰 때 빛을 발한다고 생각한다. 처음에는 주변에서 가격이 비싸다 내리면 좋겠다는 조언을 많이 했다. 그러나 빽s테라피는 고객들에게 다른 곳에서 줄 수 없는 유익을 줄 수 있다고 확신했기 때문에 그 가격을 고수할 수 있었다.

지난여름 필리핀으로 선교를 다녀왔다. 선교 일정을 마치고 비행기 시간을 기다리면서 민다나오섬 다바오에 있는 쇼핑몰을 찾았다. 50대 후반쯤 되는 한국 여성이 운영하는 1층 미용실에서 펌을 하고 있는 사람들이 꽤 있었다. 분명 다른 미용실과는 다른 점이 있어 보였다.

그녀는 필리핀으로 와서 미용실 두 개 지점을 운영한 지 20년 정도 되었다고 한다. 그런데 놀라운 것은 펌 가격이 45만 원이라고 한다. 이 가격이면 한국에서도 보통 수준이 아니다. 이렇게 비싼 금액임에도 불구하고 고객들이 줄지어 서 있었다.

어떤 점이 비싼 가격에도 그 미용실을 찾게 만드는 걸까? 그녀는 숙련된 직원을 고용하고 고객 서비스에 최선을 다했다. 다른 곳에서는 받을 수 없는 고품격 서비스를 도입하여 가격 차별화를 과감히 적용했다. 높은 펌 가격이 먹힐 것 같지 않았는데도 자신만의 컨셉과 고객의 감성까지 공략하여 이루어 낸 멋진 결과이다.

빽s테라피의 가격 차별화도 필리핀의 미용실과 같은 맥락이다. 나를 비롯하여 두 팀장이 전문성으로 무장된 프로페셔널 에너지테라피스트로서 에너지테라피에 대한 열정과 사랑을 가격으로 책정했기 때문이다. 고객은 빽s테라피에서만 받을 수 있는 특별한 경험과 관리를 가격으로 환산할 수 없는 만족감으로 돌려받을 수 있기 때문이다. 나는 지금도 새로운 고민을 하고 있다. 가격 차별화에 이어 새로운 차별화를 위해 무엇을 할 것인가?

　이제는 차별화된 나만의 스토리를 만들어 갈 때다. 물론 처음에는 힘들 수도 있다. 내가 하는 일에 확신을 갖고 나만의 스토리를 선언하는 것이 차별화다. 차별화가 바로 일에 대한 가치 표현이다.

2

빽s테라피를 지탱하는 힘

올림픽의 꽃은 마라톤이다. 2004년 올림픽은 마라톤 종주
국인 아테네에서 열렸다.

브라질의 리마 선수는 37km 지점까지 1등으로 선두를 달
리다 괴한을 만나게 되었다. 자원봉사자처럼 위장하고 나타난
아일랜드 출신의 종말론 추종자가 주로에 뛰어들어 리마를 밀
쳤다. 그 상황 속에서 옆에 있던 누군가는 사진을 찍고 있었고,
누군가는 리마를 일으켜 세워 다시 달릴 수 있게 되었다. 훌륭
한 시민들 덕분에 리마는 다시 뛰게 되었다. 1등으로 달리던 리
마는 2등한테 추월당하고 또 3등에게 추월당하게 되어 결승
점에 3등으로 도달했다. 그는 '비운의 마라토너' 선수가 되었다.
하지만 포기하지 않고 전력을 다해서 동메달을 받은 리마는 1

등 이상으로 빛이 났다. 비운을 웃음으로 승화한 리마는 인터뷰에서 "신이 내가 끝까지 달릴 수 있을지를 시험한 것 같다." "나는 진정한 승리자"라고 말했다. 리마는 IOC 위원회에서 훌륭한 선수에게 주는 훈장을 받게 되었다. 그 이후 리마는 2016 리우올림픽이 열리게 될 때 마지막 성화 점화자로 달리게 되는 영광을 누리게 되었다.

리마 선수가 성화 점화자로 뛸 수 있었던 것은 1등을 놓친 것에 대해 불평불만과 감정을 드러내지 않고 마지막까지 최선을 다해 결승점까지 도달했기 때문일 것이다. 우연히 리마 선수에 관한 내용을 접했을 때 나는 깜짝 놀랐다. 어떻게 하면 그렇게 힘든 상황에서도 평정심을 유지할 수 있을까? 참으로 대단하고 존경스러운 선수라고 생각했다. 탁월한 리더는 많지만, 존경을 받는 리더는 드물다. 나는 어떤 리더인가? 돌발 상황이 발생하여 내가 지금까지 노력한 것이 수포로 돌아갔을 때 우리는 모두 환경 탓을 하고 남을 탓하고 자책할 수도 있다. 하지만 리마 선수는 긍정을 선택했다. 어떤 상황에서도 흔들리지 않는 강한 멘탈을 보유하고 있었다.

초창기 운영하던 빽스테라피는 숍으로는 괜찮았지만, 교육장으로 사용하기엔 약간 비좁았고 무엇보다 주차 공간이 여의치 않아 고객들이 불편해했다.

"이전 해볼까? 아니면, 하나 더 오픈해 볼까?"

사업장 공간에 대한 갈등이 생기기 시작했다. 큰아들 임 원장은 숍과 교육장을 겸할 수 있는 사업장을 하나 더 확장하면 좋겠다고 했다. 마음이 성급해졌다. 임 원장이 만성동에 숍을 오픈하면 공간 문제가 해결되고 수익도 높을 것 같았다.

혁신도시 만성동에 대한 시장분석과 사업장을 열면서 체크할 부분을 꼼꼼히 따져보지도 않고 빠르게 진행했다. 그 이후 여러 가지 밀려오는 어려움과 고난이 있었다. 미용기기 회사와의 문제, 수익보다 월세 부담이 크고, 나처럼 일해 줄 한 사람 찾기가 쉽지 않은 직원 문제까지…. 쉽게 풀리지 않았다. 나는 삼천동 숍에서 일하고 만성동 숍에서도 일을 도와줘야만 했는데 거리가 멀어 오고 가는 시간도 만만치 않았다.

숍을 두세 개 운영하는 것보다 한곳에 집중했어야만 했나? 라는 생각이 뒤늦게 들어 마음속 깊이 깨닫게 되었다. 게다가 임 원장이 팔 골절로 깁스하는 바람에 몇 달 동안 일을 할 수 없었다. 결국 높은 월세로 인한 운영의 어려움과 여러 안 좋은 상황이 몰려와 만성동 숍을 운영하기 힘들게 되었다. 가끔 무모하면서도 주도적인 나 자신을 보며 놀랜다. 아무리 힘든 상황에서도 돌파구는 어딘가에 있을 것이다. 나를 지탱해 주는 힘! 그것이 바로 '기도'다. 기도는 내 안의 저 깊은 곳에 자리 잡고 있다. 이 일이 있고 나서 깨달음과 교훈을 얻게 되었다. 거친 파도 뒤에 평온함이 있듯이 지금은 내 마음도 조금 편안해졌다.

리마 선수의 사례를 보면서 만성동 실패 사례가 겹쳤다. 리마 선수는 우승을 놓쳤을 때 얼마나 힘들었을까? 우승을 향해서 얼마나 큰 노력을 기울였을까? 분명 그는 일시적으로 정신이 붕괴했을 수도 있었다. 하지만 그는 포기하지 않았다. 긍정을 선택했다. 환경을 탓하지 않았다. 괴한의 탓이라고 불평하지 않고 자기가 할 수 있는 최선을 선택했다.

나도 마찬가지다. 세 번째 숍을 오픈했을 때 힘들었다. 2년 넘게 손해도 많이 보았다. 걱정 및 스트레스도 많이 생겼다. 계속 운영할 것인가 멈출 것인가 갈등도 많이 했다. 힘들고 아쉬웠지만, 과감히 접는 결단을 내렸다. 결단하고 나니 오히려 평온해졌다.

곰곰이 생각해 보니 그때는 힘들었지만 새로운 깨달음을 얻었다. 무엇인가 의사결정을 할 때는 충분한 검토를 하고 그래도 판단이 잘 서지 않을 때는 전문가의 도움을 받아야 한다는 것을. 나는 실패로부터 교훈을 얻었다. 실패를 통해 새로운 힘이 생긴 것이다. 그것은 평온함이다. 나를 지탱해 주는 그리고 '빽s테라피'를 지탱해 주는 힘이다.

3

나만의 에너지원을 찾아라

비가 추적추적 내리고 있다. 빽s테라피 창문을 통해 거리를 내다보았다. 낮게 가라앉은 회색빛 하늘이 한층 무거워 보인다. 색색의 우산을 쓰고 거리를 지나는 사람들의 어깨도 축 처진 것 같다. 착 가라앉은 공기에 눌려 심호흡을 해본다. 문득 2019년 빽s테라피 간판을 처음 달았던 때가 생각난다.

2018년 에너지테라피를 처음 배우기 시작했다. 작은아들인 해리 팀장과 안산을 오가며 교육을 받았다. 아침 첫 버스를 타고 올라가서 교육받고, 점심 먹고 오후 교육받고, 전주행 막차를 타고 내려오는 일을 몇 달 동안 계속했다. 배우는 것에 그치지 않았다. 집에 에너지테라피 기기와 고객 침대를 설치해 놓고 작은아들과 밤낮을 가리지 않고 이론과 실기 연습을 했다. 그렇게 안산과 분당을 오르내리며 많은 시간을 투자하여 배우고 연습하고 또 배우고 연습하면서 실력을 키워 나갔다. 그리고 2019년 3월, 10평 남짓한 공간에 '빽s테라피' 간판을 달았다.

사업장을 처음 개업하고 설렘도 있었지만, 걱정이 앞섰다. 빽s테라피를 찾는 고객들이 문전성시를 이루기를 희망했다. 그러나 처음부터 잘되리라는 생각은 없었다. 다만, 사업장을 유지할 수 있을 정도의 고객은 찾아오기를 바랐다.

당시만 해도 에너지테라피 생체전류를 아는 사람은 찾아보기 드물었다. 숍 앞을 지나가는 사람들은 마사지 숍이 아니라는 생각 외에 도무지 관심을 두지 않았다. 빽s테라피라는 상호도 특이했기 때문이다. 나는 해리 팀장과 행인들에게 전단을 주면서 에너지테라피 생체전류에 대해 열심히 설명했다. 그러나 거의 반응이 없었다. 개업하고 3주 동안은 찾아오는 고객이 거의 없었다. 지인 한두 분 정도가 고객의 전부였다.

애타게 고객을 기다리던 그날도 오늘처럼 비가 내리고 있었다. 개업식 때 들어온 크고 작은 화분에 비를 맞히기 위해 숍 앞에 내다 놓았다. 비를 맞게 했지만, 물 조리개에 물을 가득 담아 물을 더 주었다. 화분에 물 주는 일 외에 달리 할 일도 없었다. 그때 한 고객이 지나가다 여기가 뭣 하는 곳이냐고 물었다. 에너지테라피 특징을 한두 가지 말하고 경험 삼아 한번 받아보도록 했다. 지성이면 감천이라던가. 그렇게 고객이 한 분두 분 늘기 시작했다. 희한하게 그때부터 에너지테라피 관리 스케줄이 차기 시작했다. 화분에 물을 주면 식물이 쑥쑥 자라듯이 빽s테라피도 조금씩 성장해 나가기 시작했다.

개업 초기 빽s테라피는 힘겨운 길을 걷고 있었다. 그러나 가뭄에 하늘을 탓하듯 오지 않는 고객을 마냥 기다리고만 있지 않았다. 비록 작은 화분 하나라도 생명이 샘솟는 빗물을 맞추기 위해 끙끙대며 옮기는 일을 했다. 그 과정에서 만난 한 분한 분의 고객이 징검다리가 되어 오늘의 빽s테라피로 성장했다. 그때 깨달았다. 비록 작은 일이라도 최선을 다하면 행운이찾아오게 된다는 것을. 그게 어떤 사업이라도 같다. 시작은 모두 힘들다. 그렇지만 작은 일이라도 기쁘고 즐거운 마음으로시작해 보자. 하늘은 스스로 돕는 자를 돕는다. 희망의 끈을놓지 않고 고객이 많이 올 거라는 상상을 하자. 고객은 행동하고 움직일 때 찾아온다.

4

나만의 매력을 인식하라

나는 내가 좋다.

나는 나를 사랑한다.

오늘은 내게 무언가 정말 멋진 일이 분명히 일어날 거야.

브라이언 트레이시의 성취 심리이다. 우리는 모두 너무 겸손하다. 주변의 지인들을 멋지게 칭찬하면서도 자기 자신에게는 너무 인색하다. 문장을 곱씹으면서 나에 대해서 생각해 보았다. 나의 진정한 매력은 무엇일까? 나에게도 부드러운 힘이 있을까? 자꾸 생각하고 질문을 하다 보니 몇 가지 나만의 매력이 머리를 스치고 지나간다. 흔들리지 않는 하나님에 대한 믿음, 지금 하는 일 '에너지테라피'에 대한 확신, 부드럽고 밝은 표정,

타인에 대한 배려, 성실함, 신뢰, 봉사 정신, 대중 앞 프리젠테이션 능력 등등.

예전의 나는 대중 앞에서 말하는 것에 항상 두려움이 있었다. 그냥 앉아서 이야기할 때는 괜찮은데 사람들 앞에 나가서 말하려면 긴장이 되고 떨려서 하고 싶었던 이야기가 잘 생각나지 않았다. 그러니 누가 내 이야기를 요청하면 거절하곤 했다. 그러나 어느 순간부터 변하기 위해 몸부림치기 시작했다. 앞으로 나에게 대중 앞에서 이야기하거나 사업에 대해서 프리젠테이션할 기회가 있다면 절대로 거절하지 않겠다고 결심했다.

그 뒤로 기회가 생기면 거절하지 않고 무조건 앞으로 나가서 이야기했다. 물론 완벽하진 않았다. 이야기하고 난 뒤 제대로 스토리를 전개하지 못한 것에 대해서 아쉬움과 후회도 있었다. 그렇지만 계속 반복하다 보니 나는 단단해져 가고 있었다. 그리고 나는 어느새 사람들 앞에서 강의하고 컨설팅을 해주고 있었다. 그리고 최근에는 여기저기 모임에서 내 이야기를 발표하였고 내 사업장 이야기를 듣고 싶어 하는 곳에서 열정적으로 프리젠테이션을 하기도 했다.

2023년 12월 중순 내가 좋아하는 사람들과 송년회가 있었다. 그 자리에서 최근 내가 힘들었던 과정을 어떻게 극복하고 사업을 멋지게 잘하고 있는지 발표할 기회가 주어졌다. 나는 일주일 전부터 발표 준비에 몰입했다. 없는 것을 지어내지 않고 내가 한 일을 정리하기 시작했다. 그리고 팩트를 몇 가지로 압축해서 발표했다.

나는 아주 차분하고 조용한 편이다. 거의 나서지 않으며 말을 많이 하지도 않는다. 누군가가 질문하면 대답하고 주로 다른 사람의 말을 경청한다. 그런데 어느 때부터 사람들은 나의 이야기를 하거나 나의 사업장 이야기를 발표하고 나면 칭찬하기 시작했다. 말에 힘이 있고, 부드러운 카리스마가 있다고 모두 칭찬한다.

"백 대표님! 오늘 진솔한 이야기 너무 잘 들었습니다. 감동으로 다가왔어요. 눈물이 찡하기도 했어요."

놀라운 것은 한두 명이 아니고 많은 분이 내 이야기에 공감했다는 것. 기분이 좋았다. 예전에 사람들 앞에 설 때마다 떨리고 긴장하던 나의 모습을 떠올리면서 만감이 교차하기도 했다.

나는 가슴이 설레고 기분이 좋았다. 주변의 많은 분의 칭찬으로 나만의 매력을 발견한 것 같아 더욱 힘이 났다. 나에게 매력이 있어도 내가 그 매력을 인식하는 것이 중요하다. 나는 사람들 앞에서 멋지게 발표하는 부드러운 카리스마를 겸비한 프리젠테이션 능력이 있음을 알았다.

 "너 자신을 알라"는 소크라테스의 이야기는 아마 우리에게 주어진 일생의 숙제다. 우리는 책을 읽고 사람들을 만나고 일을 하고 여행하면서 많은 것을 경험한다. 그러나 자신에 대해서 얼마나 알고 있는가? 정작 나를 알기 위한 시간을 얼마나 할애하고 있는가?
 시선을 나에게로 돌리는 시간을 확보하도록 노력하자. 내가 좋아하는 것, 내가 하고 싶은 것, 내가 잘하는 것 등을 적어보자. 그리고 나다운 것이 무엇이 있는지 떠올려 보자. 나에게는 내가 발견하지 못한 능력이 숨어있다. 그 능력들을 찾아내는 작업을 해보자. 멀리서 찾지 말고 내 안에서 진정한 나만의 매력을 찾아보는 것이다.

 21세기는 매력을 뽐내는 시대다. 멀리서 찾지 말고 내가 지금 하는 일을 자세히 들여다보자. 예전에는 힘들었지만, 어느 순간부터 즐기고 있는 것이 무엇인지 찾아보자. 분명 진정한 나만의 매력을 발견할 것이다. 나만의 매력을 인식하는 순간 삶이 더욱 풍요로워질 것이다.

5

자원은 나를 기분 좋게 한다

당신의 자원은 무엇인가? 당신의 자원을 많이 끌어낼 수 있으면 감사는 저절로 이루어진다. 당신의 자원은 자신이 살아오면서 성취한 것으로 감동적인 순간을 기억하는 것이다. 또 나를 미소 짓게 한 일이고, 설레고 행복하게 한 사건이다. 당신의 자원은 가까이에 있으며 얼마든지 꺼내 쓸 수 있다. 스스로 인식하고 자각할수록 무궁무진하다. 아무리 강력한 자원이 있다고 하더라도 과거의 일이기 때문에 현재에 내가 의식하지 않으면 소용이 없다. 스스로 자신의 자원을 생각하고 상상하는 연습을 게을리하지 말아야 한다.

시너지 전문가 유길문 작가가 주변의 지인들을 만날 때마다 힘주어 하는 말이다. 처음에는 자원이라는 말이 낯설게 느껴졌다. 그러나 계속 자원의 중요성에 대해서 듣다 보니 자원을 생각하는 것이 중요하다는 것을 피부로 실감하게 되었다. 나를 미소 짓게 하는 것, 내가 성취한 것, 내 주변에 있는 멋진 사람들, 내가 가지고 있는 것 등이 나의 자원이다. 아주 평범한 것들이지만 당연한 것으로 생각하기 때문에 특별한 자원으로 인식하지 못하던 것들이다. 아주 사소한 것일지라도 나의 자원이라고 생각하면 마음 부자가 된다. 자원을 가지고 있는 내가 뿌듯하고, 나를 둘러싼 주변이 온통 감사로 채워진다.

백명숙 작가의 2번째 책《책 쓰기를 위한 글쓰기》출판기념회가 있었다. 나는 작가님에게 일이 아무리 바빠도 출판기념회에는 꼭 참석하겠다고 약속했다. 그런데 하필 그날 변수가 생겼다. 나에게 도움을 주고 싶은 모임에서 15명 정도가 '빽s테라피'를 방문하겠다는 것이다. 공교롭게도 출판기념회와 겹치는 시간이었다. 모임의 회장님은 나를 도와 주기 위해서 일부러 시간을 잡았다고 말했다. 무척 고마웠지만 이해를 구하고 거절했다. 물론 쉬운 결정은 아니었다. 나의 사업장 '빽s테라피'를 홍보할 수 있는 절호의 기회였기 때문이다.

나는 또다시 이런 선택에 직면한다고 해도 같은 결정을 내릴 것이다. 선약을 했기 때문이다. 약속은 신뢰와 직결되기 때문이다. 백명숙 작가님은 나에게 귀인이기 때문이다. 내가 책을 쓸 수 있도록 친절하게 코칭 해주고 도와주는 고마운 분이기 때문이다. 따라서 백명숙 작가님은 나에게 귀한 에너지를 주는 자원이다.

자원이 있음에도 자원이라고 인식하지 못하면 정작 중요한 가치를 놓칠 수 있다. 누구에게나 많은 자원이 있다. 나를 들여다보고 나에게 자원이 있음을 인식하는 것이 중요하다. 출판기념회 이후 나는 칭찬도 많이 들었다.

"백 대표님! 정말로 대단하세요. 많은 분이 에너지테라피를 체험하고 싶어서 사업장에 방문하겠다고 하는데도 출판기념회에 참석하셨다면서요. 참으로 멋지신 것 같아요, 대표님 최고예요!"

나는 기분이 무척 좋았다. 백명숙 작가님이 좋아서, 너무 많은 도움을 주셔서 당연히 예외를 두지 않고 행동으로 옮겼을 뿐인데 주변에서 나를 칭찬하니 뛸 듯이 기뻤다. 누구에게나 자원은 있다. 그렇지만 자원을 인식하는 사람은 드물다. 자원이 있음을 인식하고 행동으로 옮길 때 자원감으로 변하여 나의 에너지에 연결되는 것이다.

'자원은 에너지다.' 자원은 내가 비로소 제대로 인식할 때 에너지로 변하는 것이다. 나는 매일 나의 자원을 생각한다. 나는 부드러운 것 같으면서도 은은한 에너지와 힘이 충만하다. 그러므로 내가 지금 하는 일은 천직이다. 나는 '빽s테라피'를 운영하고 있다. '빽s테라피의 핵심은 에너지테라피다. 내가 에너지테라피 분야의 선구자이자 최고의 전문가라는 것이 자랑스럽다. 나는 사업적으로 지금보다 훨씬 더 성장할 것이다. 매일 나의 자원을 생각하고 인식하고 있기 때문이다. 따라서 매일 기분 좋고 기쁜 마음으로 일하고 있다. 이것이 바로 자원의 힘이다.

6

매일 아침 긍정을 선택하라

일기 쓰기는 인생에서 소중한 것들을 마음에 각인시키는 행동이다. 성공하는 사람들의 주머니 속엔 왜 깨알같은 메모가 적힌 수첩이 들어 있을까? 자신을 북돋고 고무하는 메시지들을 읽고 또 읽으면서 한 걸음씩 앞으로 나가기 위해서다. 나는 《타이탄의 도구들》에서도 일기 쓰기의 중요성에 대해 입에 침이 마르도록 강조한 바 있다. 세계 최고를 만들어 내는 지혜는 아주 작은 습관의 꾸준한 반복임을 잊지 않아야 한다.

티모시 페리스의 책 《지금 하지 않으면 언제 하겠는가》에 있는 문장에 공감하면서 일기를 쓰려고 했으나 잘 실천하지 못하고 있다. 일기는 아침에 쓸 수도 있고 저녁에 쓸 수도 있다. 하루 중 틈새 시간에 쓸 수도 있다. 중요한 점은 매일 일기를 쓰는 습관이다. 무언가를 지속적으로 한다는 것은 아주 중요하면서도 어려운 일이다. 그것이 아주 작고 사소한 일임에도 불구하고.

나는 아침 시간을 그냥 허비한 적이 많다. 나를 위해서 시간을 투자하지 않은 것이다. 최근 몇 년 사이 책도 읽고 믿음 생활을 해오면서 주변의 좋은 사람들을 많이 만났다. 그들의 선한 영향을 받아 어느 순간부터 매일 일어나자마자 루틴으로 하는 몇 가지 행동이 있다.

첫째, 기도이다. 기도로 하루의 시작을 알린다. 기도로 하루의 문을 여는 것이다. 평안하고 따뜻한 마음으로 엎드려서 5분여 동안 진심으로 기도한다. 하나님께 생명을 주심에 감사드리고 가족들과 함께 오순도순 행복한 가정생활을 할 수 있음에 감사하고 주변의 훌륭한 분들과 함께 할 수 있음에 감사한다. 더불어 하나님께서 허락하신 나의 일터 빽s테라피 사업장을 통해 일할 수 있음에 감사하고 미력이나마 주변의 소외된 이웃들에 봉사할 수 있음에 감사한다. 무엇보다도 항상 하나님이 함께하여 주시고 지켜주심에 감사의 기도를 드린다.

둘째, 스트레칭이다. 에너지테라피를 공부하면서 가장 중요하게 생각하는 것 중 하나가 복식호흡이다. 그래서 일어나자마자 복식호흡을 하려고 노력한다. 일명 '336 백s호흡법'인데 3초 들숨, 3초 멈춤, 6초 날숨을 번갈아 가며 반복하는 호흡법이다. 그러다 보면 마음이 편안해지고 살아 있음을 느끼면서 마음이 충만해진다. 바로 이어서 '몸털기' 스트레칭을 시작한다. 목운동부터 전면과 후면을 이완시키며 뭉친 부위를 충분히 풀어주고 탄탄한 근력을 만드는 몇 가지 동작이다. 전신 스트레칭을 하다 보면 땀이 날 때도 있고 몸이 부드러워지면서 새로운 하루가 시작되었음을 몸이 알려주는 효과가 있다.

셋째, 펩톡이다. 나에게 힘을 주는 긍정적인 말을 반복해서 말하는 것이다.

백s테라피는 에너지충전소다.

백s테라피는 에너지를 플러스해주는 연구소다.

효과는 일단 힘이 난다. 기분도 좋아지고 자신감이 생긴다. 자연스럽게 고객에 대한 고마움이 생긴다. '오늘도 고객들에게 내가 가진 에너지테라피의 모든 능력을 줄 수 있는 하루가 되게 하겠다.'라고 생각하며 미소를 지어 본다. 펩톡의 효과는 바로 나타난다. 매일 아침 나의 긍정적인 선택이 신호탄이 되어서 '에너지테라피' 일을 즐겁게 하고 사람들에게 따뜻한 배려와 봉사 및 긍정적인 피드백을 줄 수도 있는 원동력이 된다.

한때 티모시 페리스의 책에 몰입한 적이 있다. 세계의 성공한 CEO 및 리더들의 주옥같은 성공방정식이 빼곡하기 때문이다. 책 속의 법칙을 모두 실천할 수는 없다. 하지만 나의 환경이나 상황에 맞게 개인적인 성장과 사업의 발전을 위해 적용할 수 있다. 티모시는 말한다. 리더는 하루아침에 뚝딱 완성되는 것이 아니라고. 아주 작은 일들을 계속할 수 있는 꾸준함이라고. 따라서 아주 작고 사소한 일이 쌓이면 결과는 대단한 성과로 이어진다.

나는 매일 아침 긍정을 선택한다. 지금 하는 기도와 스트레칭 그리고 펩톡을 생활화하고 있다. 아주 사소한 일상이지만 시간이 지나면 분명 나에게 엄청난 파워가 될 것이다. 더불어 티모시 페리스가 추천한 '일기 쓰기'와 다른 성공 노하우도 하나씩 모델링할 것이다. 매일 아침 긍정을 선택하니 행복하다. 자신감이 충만하다. 항상 밝은 미소와 표정을 짓는 이유이다.

7

전략을 디자인하라

높은 곳에 올라 전쟁터를 내려다보라. 리더는 지금 당장 눈앞에 펼쳐진 상태에서 무슨 일이 일어나고 있는지도 알고 있어야 하지만, 높은 곳에 올라 전쟁터를 내려다보면서 그 싸움에 대응하기 위해 어떤 방향으로 나아가야 할지를 보다 큰 시각으로 판단할 수 있어야 한다.

레이 데이비스, 알린 샤더의 《움프쿠아처럼 체험을 팔아라》에 나와 있는 내용이다. 지금 하는 일도 중요하지만, 방향이나 트랜드를 놓치지 말아야 한다는 작가의 이야기가 의미심장하게 다가왔다. 나는 지금 어떻게 하고 있는가? 나무만 보고 숲을 보지 못하는 것은 아닌가? 예전에 우연히 보았던 손자병법의 내용과 일맥상통하는 것 같아 나를 돌아보았다. 내가 만약 어느 회사의 직원이라면 일을 열심히 배우며 개인의 성장에 집중해야 하겠지만 CEO는 다르다. CEO는 큰 그림을 그릴 수 있어야 한다. 전략적인 사고가 필요하다. 내가 속한 산업이 어떻게 전개되고 있는지 더 나아가 유사 산업에 새로운 흐름은 어떻게 바뀌고 있는지를 예의주시해야 한다.

자신의 약점을 고치려고 시간과 노력을 투자하는 것은 바람직하지 않다. 나는 인생 최대의 성공과 더없는 만족은 개인의 대표적인 강점을 연마하고 활용하는 데서 비롯된다고 믿는다.

마틴 셀리그먼의 《긍정 심리학》에 있는 내용이다. 나의 강점은 무엇인가? 나는 나의 강점을 제대로 알고 있는가? CEO로서 개인의 성공 전략은 약점보다 강점에 집중하는 것이 핵심이다. 내가 잘할 수 있는 것에 선택 집중 몰입하는 것이 중요하다. 강점에 집중하는 것이 곧 전략적인 사고의 출발점이 된다. 잘할 수 없는 것, 내가 좋아하지 않는 것에 에너지를 쏟다 보면 열정이 떨어지고 성과도 나지 않는다.

다행히 나는 잘할 수 있는 일과 집중하는 일이 있다. 마틴 셀리그먼의 말처럼 나의 강점을 연마하고 활용하면서 '에너지테라피' 분야의 최고 전문가가 되었다. 거기서 끝이 아니다. 늘 고객들의 반응을 살피고 사람들의 이야기에 귀 기울이고 책을 읽고 세미나에 참석하면서 새로운 아이템을 찾고 있다. 그리고 찾았다. '빽s테라피'라는 보석과도 같은 사업이다.

지금도 나의 강점과 전문성을 기반으로 펼쳐 나갈 새로운 콘텐츠를 늘 찾고 있다. 지금 하는 에너지테라피에 새로운 아이템을 융합하여 시너지를 낼 수 있는 콘텐츠를 찾기 위해 열심히 공부하고 산업의 흐름을 예의 주시하고 있다.

성공은 일시적으로 뚝 떨어지지 않는다. 오랜 시간 쏟아온 노력의 총합이다. 내가 쏟은 시간이 현재 나의 모습이다. 나는 지금 어떤 일에 시간을 배분하고 있는가? 지금 하는 일만 열심히 하고 있지는 않은가? 물론 일을 열심히 하지 말라는 이야기가 아니다. 나를 둘러싼 주변의 흐름을 놓치지 말아야 한다는 말이다.

CEO 및 리더에게 중요한 것은 열심히가 아니라 방향이다. 내가 선택한 이 길이 맞는지 질문해 보고 제대로 잘하고 있는

지 높은 곳에 올라가서 내려다보아야 한다. 그래야 보인다. 나무만 보면 절대로 숲을 볼 수가 없다. 조금은 높이 올라가서 숲 전체를 보려고 해야 한다. 그러면 방향이 보일 것이다. 미세한 움직임 속에서 흐름을 볼 것이다. 이것이 전략적인 시선이다. 매일 하루에 한 시간, 아니 30분 또는 10분이라도 객관적으로 나와 나의 일을 멀리서 또는 높은 곳에서 바라보자.

행동하는 리더가 되라

뭔가 행동하고 실천할 때 영감이 떠오릅니다. 가장 좋은 아이디어는 모두 작업하는 과정에서 나옵니다. 작품을 만드는 과정에 많은 일이 일어납니다. 가만히 앉아서 위대한 창작 아이디어가 떠오르기를 기다린다면 무척 오랫동안 그렇게 앉아 있어야 할 겁니다. 반대로, 묵묵히 작업을 본격적으로 시작하기 전에 뭔가 그럴싸한 멋진 아이디어가 있어야 할 것 같다는 생각을 합니다. 그러나 작품 대부분은 그런 식으로 나오지 않습니다.

사진작가 척 클로스가 한 말이다. 이를 한근태가 자신의 책 《일생에 한번은 고수를 만나라》에서 인용했다. 고개를 끄덕이게 하는 말이다. 생각만 하고 행동하지 않는다면 아무 일도 일어나지 않을 것이다. 행동하고 실천할 때 새로운 아이디어도 떠오르고 영감이 떠오른다는 척 클로스의 말에 백 퍼센트 공감한다.

1년 전부터 사업장을 옮길 생각을 하고 있었다. 막연하게 생각만 하고 행동으로 옮기지 못했다. 어느 날, 옮기고자 하는 곳 주변에 사업장이 있는 G 대표님과 대화하던 중 깜짝 놀랐다. 사업장을 옮기려고 생각하던 지역에 적당한 장소가 있던 것이다. 사업장 이전과 관련해서 G 대표님에게 내 생각을 조금이라도 비쳤더라면 지금보다 훨씬 더 좋은 환경으로 사업장을 옮길 수 있었을 것이다. 무척 아쉬웠지만 이미 지나간 일이다. 다만 중요한 결정을 앞두고 혼자 고민하지 않고 주변에 조언을 구하면 더불어 사는 세상에서 훨씬 나은 선택과 기회가 주어진다는 것을 알았다. 생각을 행동으로 옮길 가능성이 높아질 수 있다는 것도 깨달았다.

사실 나는 어떤 일을 시작할 때 많이 생각하지 않는다. 일단 행동으로 옮기는 스타일이다. 빽s테라피 즉 에너지테라피 일도 그렇게 시작했다. 가까운 분들의 만류가 있었지만, 나는 빠르게 결정하고 행동으로 옮겼다. 만약 생각만 하고 망설였다면 최고의 선택이라고 자부하는 '에너지 테라피' 일을 시작하지 못했을 것이다.

에너지테라피 일을 시작하면서 갖추어진 것은 아무것도 없었다. 앞날이 선명하게 보이는 것도 아니었다. 그렇지만 주저하지 않고 과감하게 행동으로 옮겼다. 주변에서 내게 어떤 아이템을 권유할 때도 마찬가지다. 깊이 생각하고 세세하게 분석하지 않는다. 그냥 부딪치면서 배우고 알아가며 문제는 그때그때 해결한다. 물론 스스로 옳다고 판단하는 일을 대할 때 그렇다.

그런데 사업장을 이전하는 일은 처음부터 한계를 그었다. 장소를 임대한다는 가벼운 생각이 아니라 땅을 사서 건물을 신축하는 쪽으로 생각했다. 많은 예산이 소요될 것이라는 자금 부담이 선뜻 행동으로 옮기지 못하고 생각만으로 머물러 있었다. 이 생각이 건물을 저렴하게 임대하여 보다 좋은 환경에서 빽s테라피를 운영할 기회를 놓친 것이다.

괴테는 말했다. "생각한 것을 행동으로 옮겨라. 생각한 것을 행동으로 옮기는 것은 어려운 일이다. 세상에서 가장 어려운 일은 생각한 것으로 그대로 행동으로 옮기는 것이다" 맞다. 생각은 마음대로 할 수 있다. 심지어 화성에도 갔다 올 수 있다. 그러나 행동으로 옮기는 일은 많은 제약이 따른다. 환경도 무시할 수 없다. 그럼에도 행동하지 않으면 아무것도 이룰 수 없다.

자신이 하는 일에서 성과를 내고 싶다면 생각한 것을 행동으로 옮겨야 한다. 때로 실패할 수도 있고 손해를 볼 수도 있다. 그러나 실패도 손해도 다 자산이 된다. 경험이야말로 같은 실패를 하지 않을 나만의 확실한 자산이 된다.

이번 사례를 교훈 삼아 다시 한번 초심으로 돌아가자고 다짐을 해본다. 나는 원래 행동하는 리더였으니까.

9

느낌이 성취의 열쇠다

당신의 전제가 효력을 발휘하기 위해서는 단 한 차례로 끝나서는 안 됩니다. 당신은 소원이 이미 성취되었다는 태도를 꾸준하게 유지해야 합니다. 그런 꾸준한 태도가 당신을 목적지에 도달하게 해주기에 당신은 소원에 대해서 생각하기보다 소원이 이미 성취된 상태에서 생각해야 합니다. 이를 위해서는 소원이 성취된 느낌을 빈번하게 갖는 것이 큰 도움이 됩니다. 시간을 길게 하는 것보다 횟수를 빈번하게 하는 것이 그것을 자연스럽게 만듭니다.

네빌 고다드의 《전제의 법칙》이다. 이는 목표에 도달한 상태를 전제로 놓고 소원이 성취된 느낌을 자주 갖으라는 말이다. 나는 이 책을 읽기 전에는 내가 원하는 목표를 정하고 구체적인 실천 방법을 정하면 된다고 배웠다. 그런데 네빌 고다드는 목표에 대해서 생각하기보다 성취된 느낌에 초점을 맞추면 된다고 하니 놀라지 않을 수 없다. 이는 나의 사고 패턴을 일순간에 바꾸어야 했다.

《전제의 법칙》을 몇 번이나 읽고 또 읽었다. 특히 사례로 든 문장은 읽고 생각하기를 반복했다. 처음에는 어색하고 적응하기 힘들었지만 계속 음미하니 편하게 와닿았다. 아직 내가 원하는 것이 이루어진 것이 아닌데도 불구하고 이미 이룬 것처럼 생각하고 느껴보니 기분이 좋아졌다. 하여 일을 할 때도 길을 걸을 때도 커피를 마실 때도 틈틈이 내가 원하는 것을 이루었을 때의 감정과 느낌을 가져 보려고 노력했다. 신기하게도 자신감이 증가하고 에너지도 배가되는 것 같았다.

나는 '에너지테라피스트'다. 주변의 사람들에게 내가 하는 일을 통해서 건강한 삶을 추구하도록 도와주고 싶은 사명이 있다. 그래서 항상 사람들을 생각한다. 사람들을 만나면 상대방의 관점에서 생각하고 상대방을 배려하려고 노력한다.

《전제의 법칙》을 읽으면서 생각의 중요성을 새롭게 인식했다. 바로 의식이다. 열정과 에너지가 샘 솟아 욕심도 생겼다. 고객들에게 몸과 마음의 균형이 중요하다는 의식을 좀 더 심어주고 싶은 의욕이 솟구쳤다.

많은 사람이 원하는 것이 있음에도 불구하고 주변의 환경 등으로 쉽게 포기한다. 조금만 새로운 방식으로 접근하거나 자신감을 가지고 행동하면 될 것 같은데, 너무 일찍 포기한다. 무척 아쉬울 때가 많다. 무릇 자기 안에 내재한 의식에 확신을 가지면 환경을 탓하지 않을 것이다.

성공한 사람들은 이구동성으로 말한다. 성공하려면 간절한 목표를 가지고 어떻게 그것을 성취할 것인지 구체적인 방법을 정해야 한다고. 물론 맞는 말이다. 그러나 너무 맹신하지는 말라. 사람마다 처한 환경이 다르고 성공에 대한 생각도 다르다. 나는 '전제의 법칙' 모임을 매주 한 번 하고 있다. 매주 목요일 아침 6시에 만나서 2시간씩 토론한다. 열정 및 에너지가 떨어지다가도 함께 만나서 책을 읽고 느낌을 공유하면 새로운 힘이 생긴다.

새로운 생각 새로운 발상을 완벽하게 접목하기란 쉽지 않다. 지금까지 자연스럽게 흘러왔던 패턴을 깨고 새로운 시스템으로 바꾸는 데는 적잖은 노력이 필요하다. 때로 함께하는 사람들이 필요하다. 함께 하면 다수의 아이디어와 에너지를 받을 수 있기 때문이다.

나는 선한 영향력을 맘껏 펼치고 싶은 원대한 비전이 있다. 그 비전을 성취하기 위해서 이전에 방법을 고민했다면 이제는 이미 이룬 모습을 생각하고 상상하면서 그 느낌을 자연스럽게 즐길 것이다. 따라서 CEO 및 리더들에게 자신 있게 말하고 싶다.

"지금 하는 일에서 새로운 돌파구를 마련하고 싶다면 원하는 것을 생각하지 말고 원하는 것을 이미 이룬 모습이 되었을 때 어떤 느낌일지 충분히 느껴보는 시간을 가지세요. 한두 번으로 멈추지 말고 수시로 빈번하게 가져 보세요!"

매일 새로운 나를 발견하라

"빽 대표님 에너지테라피 사업을 하면서 경험한 지식 및 지혜를 주제로 책을 써보는 게 어떻겠어요? 빽스테라피의 새로운 전환점과 에너지원이 될 것입니다. 빽 대표님은 에너지테라피 이야기만 나오면 눈이 동그래지면서 말에 힘이 생기잖아요."

카네기 전북지사 유길문 지사장이 말했다. 느닷없는 제안에 순간 멍했다. 이어서 곰곰이 생각하니 딱 내 모습 그대로다.

"그래. 한번 도전해 볼까?"

그렇게 책 쓰기를 시작했다.

"야! 네가 무슨 책 쓰기를 한다는 거야. 말도 안 돼! 그만 둬!"

주변에서 반대하고 만류하기도 했다. 하지만 나는 꿋꿋하게 책 쓰기를 이어 나갔다. 하루 일정에 책 쓰기를 더하니 그야말로 하루 24시간이 너무 짧았다. 하지만 초 몰입하여 8개월 만에 초고를 완성했다. 내 안에 있는 능력을 누군가가 발견해 주고 그 길을 갈 수 있게 도와주었기에 가능한 일이었다. 유길문 지사장은 말한다. "책을 쓰는 것은 내 안의 보석을 캐내는 일"이라고. 누구나 보석을 지니고 있다. 누군가는 그 보석을 묻어 두고, 누군가는 나처럼 보석을 캐낸다.

내가 가장 행복할 때는 에너지테라피를 통해 사람들에게 도움을 줄 때이다. 그 순간만큼은 온전히 초집중하며 열심히 최선을 다한다. 그런데 생각지도 못한 글을 쓰면서 새로운 나를 발견하는 시간이 되었다. 목차를 세우고 한 꼭지 한 꼭지 쓸 때마다 가슴 뿌듯한 성취감으로 행복하고 기뻤다. 책 쓰기 코칭을 받으면서 예전에 몰랐던 글쓰기 방식을 알고 책 쓰기를 위해 관련 분야 책을 접하면서 새로운 깨달음을 얻을 때마다 앎의 희열을 느꼈다.

글을 쓰면서 내 삶의 흔적들을 하나로 모아 나만의 가치로 남기는 일이 책을 쓰는 일이다.

"내가 할 수 있을까? 정말 해낼 수 있을까?"

수시로 나의 책 쓰기에 의심이 들었다. 그럴 때마다 함께 책을 쓰는 회원끼리 의기투합하여 포기하지 않고 한 꼭지 한 꼭지 써나갔다. 써놓은 꼭지가 늘어날수록 초고 완성이라는 목표에 가까워졌다. 책 쓰기라는 무게가 점점 가벼워지면서 고지가 얼마 안 남았다는 느낌을 즐겼다. 그 작은 성공 경험들이 안전지대에서 새로운 도전지대로 나아갈 수 있게 하는 원동력이 되었다.

처음 책 쓰기 제안을 받았을 때 나는 망설이지 않았다. 빠르게 결단했다. 결심한 순간부터 집중했다. 물론 벽이 많았다. 한 번도 글을 써본 적 없고, 빽s테라피를 꾸려가느라 일도 바쁘고, 개인적으로 활동하는 모임도 많았다. 책 쓰기는 어쩌면 내게 가장 어려운 선택이었다.

"자기 자신의 존재법칙에 충실한 것이야말로 인생에서 가장 용기 있는 행동이다"라고 칼 융은 말했다. "우리 자신이 되는 것, 우리가 할 수 있는 일을 하는 것. 이것이 삶의 유일한 목표다."라고 스피노자도 말했다. 나는 새로운 전환점을 마련하기 위해 가장 어렵고 힘든 선택을 했다. 하지만 해냈다. 책 쓰기 과정에 한 꼭지 한 꼭지 글을 쓰고 수정하면서 새로운 나 자신을 발견했다. 내 안에 숨어있는 보석을 발견한 것이다.

CEO 및 리더에게 꼭 전하고 싶다. 기회가 되면 지금까지 살아온 경험과 철학 그리고 지혜를 꺼내 놓는 작업을 해보라고. 그러면 분명 새로운 나를 발견하고 설렘과 기쁨의 나날이 올 것이라고.

골프가 나를 춤추게 한다

행복으로 가는 길은 지금 순간을 충분히 즐기고 감사하는 것이다. 우리에게 필요한 것은 준비기로써 희생하는 현재가 아니다. 'savoring' 대상으로써 현재다.

〈savoring : 현재 순간을 포착해서 마음껏 즐기는 행위〉

— 최인철, 《프레임》

하루 10시간 이상 실내에서 일할 때가 많다. 특히 에너지테라피를 시작하면서 바쁜 일상이 자연과 멀어지게 되었다. 어느 날 지인들이 골프를 치자고 했다. 여러 차례 권유를 받았지만, 시간이 부족하다는 핑계로 차일피일 미뤄 왔다. 그러나 더는 안 되겠다 싶었다. 일도 건강이 담보될 때 열심히 할 수 있는 것 아닌가.

골프에 입문하기로 했다. 자연을 가까이하면서 운동도 할 수 있어서 일석이조라는 생각이 들었다. 다만 골프를 자연스럽고 과하지 않게 해야겠다고 맘먹었다. 따로 골프 레슨을 받은 적은 없다. 유튜브 영상을 하루에 한 편씩 2개월 정도 보았다. 말하자면 나는 영상으로 골프를 배운 셈이다.

골프 초보로 친구와 함께 필드를 처음 나갔다. 같은 모임 회원인 지인 덕분에 하나씩 배워가는 흥미를 느끼게 되었다. 굳이 용어나 테크닉을 무리해서 배우려고는 하지 않았다. 그러나 수영, 테니스 등 모든 운동은 폼이 예쁘고 좋아야 한다는 걸 알았다. 그래서 폼이 예쁘고 멋진 사람을 눈에 읽히고 따라 연습했다.

필드에 나가면 깨끗한 공기를 맘껏 마시고 햇빛을 즐겼다. 싱그러운 자연에 흠뻑 빠져 푸른 잔디를 밟고 걷다 보면 속이 뻥 뚫린다. 한 달에 한 번, 많게는 두 번 필드에 나간다. 열심히 일한 나를 위해 일부러 시간을 내 투자하는 것이다. 열심히 살아왔기에 그럴 자격 있어. 라고 나에게 말한다.

골프를 치는 그 시간만큼은 집중한다. 임펙트 있게 공을 날릴 때의 짜릿한 순간을 느끼기도 하고, 한편으로는 일상에서 벗어나 자연과 더불어 즐기는 편안한 마음도 함께 느낀다. 바로 나에게 주는 에너지충전의 시간이다. 좋아하는 운동을 좋아하는 사람들과 더불어 즐길 수 있는 시간이다.

CEO 아카데미 모임에서 골프대회가 열렸다. 안면이 있는 사람과 잘 모르는 사람이 섞여 한 팀으로 구성되었다. 4명 모두 풍기는 인상이 좋아 보였다. 긍정 에너지가 느껴졌다. 라운딩 내내 서로 알려주고 응원하기도 했다. 나는 원포인트 레슨을 받는 기분이 들었고 18홀까지 즐겁게 운동했다.

운동이 끝난 후, 식사와 시상식이 있어서 식당으로 자리를 옮겼다. 드디어 시상식 시간이 되었다. 사람들을 보니 모두 기대에 찬 눈빛을 반짝였다. 우리 조에서 세 명이 상을 탔다. 상을 탈 때마다 힘차게 박수치며 내가 타는 것보다 더 기쁜 마음으로 축하해 주었다.

"와! 대표님 축하드려요! 우리 팀이 상을 타니 너무 기뻐요!"

"대표님! 상 타신 거 진심으로 축하드려요! 우리 팀 최고예요. 기분이 너무 좋아요!"

"와! 본부장님! 정말 정말 축하드려요! 최고로 멋진 상품을 받았네요!"

"와! 정말 기분 좋습니다."

"우리 팀이 상을 많이 타게 되어 오늘 정말 행복하네요!"

환호와 기쁨이 어우러지는 자리였다. 나는 비록 상을 타지 못했지만 내가 상을 타는 것보다 우리 팀에서 세 명이나 상을 타게 되어 기분이 너무 좋았다. 시상식을 마치고 식당에서 NH 이 본부장과 함께 걸어 나왔다.

"언니는 내가 며칠 후에 맛있는 소고기 보내줄게요."

느닷없는 이 본부장의 친절에 깜짝 놀랐다.

"무슨 소리야! 나는 우리 팀이 함께 한 시간만으로 너무 즐겁고 만족해."

사실이었다. 상을 탄 것 이상으로 기분 좋은 하루였다.

3일 후 이 본부장에게서 전화가 왔다.

"언니! 30만 원 상당의 명품 소고기 세트와 화장품 세트를 보내요."

"이게 무슨 소리야! 웬 소고기와 화장품을 보낸다는 거야? 동생 마음만 받을게."

말도 안 된다는 소리라고 일축했다.

"언니! 내가 보낸다고 했잖아! 이미 잠시 후면 도착할 거야!"

참으로 놀라지 않을 수 없었다. 잠시 후 한우와 화장품 세트를 받았다. 우연한 만남이 이렇게 마음을 담은 선물을 전하는 사이가 되다니! 놀랍기도 하고 흐뭇하기도 했다. 그 후 모임에서 서로 얼굴이 안 보이면 전화하고 찾는 사이가 되었다.

소박한 마음으로 시작한 골프는 최애 취미가 되었다. 지인들과 팀워크를 이뤄 탁 트인 들판에서 잔디를 밟으며 걷기도 하고 살아가는 이야기도 나눈다. 얼굴을 가볍게 스치는 바람도 정겹다. 골프는 어쩌면 내가 나에게 줄 수 있는 최고의 사치인지도 모른다.

한 달에 한두 번씩 골프를 칠 때마다 행복하다. 골프가 나를 춤추게 한다. 나를 둘러싼 모든 것에 감사하다. 잠시 하던 일을 멈추고 나를 춤추게 하는 것이 무언인지 생각해 보자.

단순함의 미학

"적어도 하루에 한 번은 일부러라도 하늘을 바라보자.
끝없이 펼쳐지는 하늘과 우주를 느끼면서 의도적으로
심호흡을 해보자. 그리고 대지 위에 발을 딛고 있음을
느껴보자. 신기하게도 해야 할 일과 책임들로부터 벗어
나는 느낌을 받을 수 있을 것이다."

– 베르너 티키 퀴스텐마허, 로타르 J.자이베르트 《단순하게 살아라》

책을 읽다가 위 문장이 마음에 와닿았다. 책 속 문장이 갑
자기 눈앞으로 쏟아져 들어오는 순간이 있다. 작가의 사유에
깊이 공감할 때, 혹은 내 삶에 어떤 영감이 느껴질 때다. 이 문
장은 아마 후자의 이유인 것 같다.

에너지테라피스트가 된 이후 매일 매 순간 왜 이리 바쁜지 도통 여유가 없다. 사업이 잘되고 있다는 뜻이기도 하지만, 건강을 챙기지 못하고 있다는 뜻이기도 하다. 내가 건강해야 다른 사람의 건강도 돌볼 수 있는 법. 그래! 하늘 한번 바라보며 심호흡 한번 해보자는 마음이 들었다.

'아무리 바빠도 하늘의 별을 잊지 말자. 쉬어갈 때 멀리 갈 수 있는 거야.'

내가 나를 토닥이고 안아주는 지혜가 필요하다고 느끼는 순간 희한하게 마음이 편해졌다. 하루 이틀 기회를 엿보다 드디어 날을 잡았다. 가을 햇볕이 오곡을 익어가게 하는 어느 날, 무작정 차를 몰고 부안으로 향했다. 어린 시절 산골에서 자라서인지 성인이 되어서는 확 트인 바다가 더 좋았다. 하늘 끝에 걸린 푸른 수평선을 바라보면 답답한 마음이 어느새 뻥 뚫리는 시원함이 좋았다.

변산을 지나 격포 쪽으로 운전하면서 바다를 바라보는 것만으로도 마음이 솜털처럼 가벼워졌다. 격포 주차장에 주차하고 백사장을 천천히 거닐었다. 떠내려온 조개들은 모두 입을 벌리고 있다. 어느 갈매기가 주린 배를 채웠을까. 소금기 섞인 바닷바람을 얼굴에 맞으며 밀려오고 밀려가는 파도의 노래에 귀 기울여 본다. 멀리 연인 같은 젊은 남녀가 팔짱을 끼고 걷는

모습도 정겹다. 그렇게 한참을 혼자 걸으며 상념에 잠기다 보니
시장기가 돌았다.

근처 맛집을 찾았다.
"혼자 오셨어요?"
식당 주인이 물었다.
"네."
이런 관광지에 혼자 왔다는 게 이상하다는 눈빛이 느껴졌
다. 혼자면 어떤가. 바다가 보이는 창 쪽으로 자리 잡고 나서 음
식을 푸짐하게 시켰다. 어차피 오늘은 나를 위한 날이지 않은
가. 식사를 마치고 바닷가 풍경 좋은 카페를 찾았다. 해지는 모
습을 감상하며 마시는 차 한 잔에 에너지가 샘솟는다.

흔히 말한다. 삶의 행복은 멀리 있는 것이 아니라고. 내 안
에 있는 것이라고. 맞다. 지금 내가 하는 일과 삶 속에서 어떤
순간을 특별하게 보낼 때 느끼는 것. 그것이 행복이다. 바닷가
를 거닐며 갯바람을 맞는 순간의 환희, 바쁘다는 핑계로 잠시
잊고 있었던 나를 발견하는 순간의 희열을 행복이라고 이름하
여 본다.

늘 사업에 대한 강박으로 여유를 갖지 못하던 때 우연히 읽게 된 책 《단순하게 살아라》를 통해 복잡한 생각을 단순화시켜 본 하루였다. 단순하지만 참으로 아름다운 자연을 느끼고 또 다른 나를 발견하는 날이었다. 단순함의 미학이랄까. 하늘과 바다와 바람에 나를 맡기고 얻은 뜻밖의 행복이다.

가장 단순한 것이 가장 명확한 것이다.

– 노자 《도덕경》

에필로그

생각한 것을 그대로 행동에 옮겨라. 생각한 것은 쉽지만, 그걸 행동으로 옮기는 건 어렵다. 세상에서 가장 어려운 것은 당신의 생각을 그대로 행동으로 옮기는 것이다.(괴테)

– 김종원, 《인간은 노력하는 한 방황한다》 중에서

나는 누구인가? 나는 '에너지테라피 프로마스터'다. 나는 지금 하는 일을 선택한 이유가 분명하다. 사람들에게 '건강을 주는' 일이기 때문이다. 그 일은 목표가 분명하고 가치 있는 일이라고 생각했기 때문에 혼신을 다해 열정을 쏟아부었다. 그렇게 내 나이 50에 에너지테라피를 만나 에너지와 하나 되어 놀고 있다. 이는 고객이 진정 원하는 것이 무엇인지 파악하고 소통하며 신뢰와 사랑으로 함께 하는 시간이다.

누군가는 생각만 하고, 누군가는 돌다리가 깨질 때까지 두

드리고만 있고, 누군가는 생각하고 행동으로 옮겨 성과를 낸다. 나는 에너지테라피를 사랑한다. 하지만 책을 내려는 생각만 하고 돌다리조차 두드리지 않았다. 그렇게 깊은 어둠 속에서 헤매고 있었다. 또 사람으로 인해 받은 아픔과 상처를 부여잡고 좌절감에 사로잡혀 있었다. 그때 누군가 "빽s테라피는 잘될 수밖에 없어요!"라고 힘과 위로와 비전을 주었다.

삶은 내 편이었다. NLP 멘탈 동기, 책쓰기 포틴 클럽 동기, 고향 친구들을 비롯하여 주변의 많은 분이 따뜻한 마음과 기도로 용기를 불어넣어 주어 다시 회복할 수 있었다. 어려운 고난 가운데 신뢰로 함께 해주신 장 회장님께 깊이 감사드린다. 사랑하는 나의 가족에게 미안하고 감사하다. 특별히 두 아들, 잘 견뎌줘서 고맙고 사랑한다. "BBack's 고주파" 브랜드를 출시할 수 있도록 기회를 주신 이 대표님께도 다시 한번 진심으로 감사드린다.

"2025 고주파 1000"

"나는 고주파로 대한민국을 흔들어 버리겠다."

"2026 나는 고주파로 세계를 흔들어 버리겠다. Go! Go! Go!"

온종일 숍에서 고객관리와 CBMC 임원 활동 그리고 카네기 코치로 활동하며 하루 3~4시간 잠을 잤다. 와중에 책을 쓰느라 1년여 죽을 만큼 힘들었다. 하지만 내 안에 잠자던 간절함과 에너지가 뿜어져 나왔다. '내 안의 숨어 있는 보석'을 캐내 빽s테라피의 전환점이 되어줄 책을 쓸 수 있게 길을 열어주신 데일카네기 유길문 전북 지사장님과 책을 쓰는 내내 많은 시간을 피드백과 교정으로 함께 해주신 《책쓰기를 위한 글쓰기》 저자 백명숙 코치님께 깊이 감사드린다.

내 몸 거꾸로 10년 되돌리기

초판인쇄   2025년 4월 02일
초판발행   2025년 4월 10일

지은이   백윤남
발행인   조현수
펴낸곳   도서출판 프로방스
기획   조영재
마케팅   최문섭
편집   문영윤

주소   경기도 파주시 광인사길 68, 201-4호(문발동)
전화   031-942-5366
팩스   031-942-5368
이메일   provence70@naver.com
등록번호   제2016-000126호
등록   2016년 06월 23일

정가 18,000원
ISBN 979-11-6480-388-0 (03590)